Elke Söllner

Die heilende Kraft der Katzen

Elke Söllner

DIE HEILENDE KRAFT DER KATZEN

Bildrechte Autorenfoto: Julia Scharinger-Schöttel
Covergestaltung: Alexandra Schepelmann/www.donaugrafik.at
Bildrechte Umschlag: Nitikorn Poonsiri/shutterstock

Alle Rechte, insbesondere das Recht der Vervielfältigung und Verbreitung sowie der Übersetzung, vorbehalten. Kein Teil des Werks darf in irgendeiner Form (durch Fotokopie, Mikrofilm oder ein anderes Verfahren) ohne schriftliche Genehmigung des Verlags reproduziert werden oder unter Verwendung elektronischer Systeme gespeichert, verarbeitet, vervielfältigt oder verbreitet werden.

Die Autoren und der Verlag haben dieses Werk mit höchster Sorgfalt erstellt. Dennoch ist eine Haftung des Verlags oder der Autoren ausgeschlossen. Die im Buch wiedergegebenen Aussagen spiegeln die Meinung der Autoren wider und müssen nicht zwingend mit den Ansichten des Verlags übereinstimmen.

Der Verlag und seine Autoren sind für Reaktionen, Hinweise oder Meinungen dankbar. Bitte wenden Sie sich diesbezüglich an verlag@goldegg-verlag.com.

Der Goldegg Verlag achtet bei seinen Büchern und Magazinen auf nachhaltiges Produzieren. Goldegg Bücher sind umweltfreundlich produziert und orientieren sich in Materialien, Herstellungsorten, Arbeitsbedingungen und Produktionsformen an den Bedürfnissen von Gesellschaft und Umwelt.

ISBN: 978-3-99060-099-3

© 2019 Goldegg Verlag GmbH
Friedrichstraße 191 • D-10117 Berlin
Telefon: +49 800 505 43 76-0

Goldegg Verlag GmbH, Österreich
Mommsengasse 4/2 • A-1040 Wien
Telefon: +43 1 505 43 76-0

E-Mail: office@goldegg-verlag.com
www.goldegg-verlag.com

Layout, Satz und Herstellung: Goldegg Verlag GmbH, Wien
Printed in the EU

Inhaltsverzeichnis

Vorwort 9

Glückselig oder doch »nur« glücklich? 11
Die Katze. Oder: Felis silvestris forma catus 11
Glückseligkeit – was ist das? 12
Merlin und Cleo – zwei Katzen wie aus dem Bilderbuch 17
Hat unsere Mieze einen guten Tag gehabt? 18
Glückseliger Kater »Bruno« 21
Schnurrmonsters Befindlichkeiten 26
Schnurren ist nicht gleich Schnurren – was Katze sagt . 28
Schlafmütze und Zappelphilipp 31
Katzenwäsche – zwischen Hygiene, Spannungsabbau und Zwangsverhalten 35
Futter im Napf und für die Seele 38
Kater Sindbad 40
Zutaten für einen Melange an Glückseligkeit für Katze und Mensch 41
Glückliche Wohnungskatze 46
Glückskatze Lilly 49
Weihnachtsbaum macht Mieze froh 52

Freunde fürs Leben 55
Der Ton macht die Musik 59
Wie sag ich es meiner Katze? 63
Konfliktmanagement powered by cat 70
Zerrüttete Katzenfreundschaft 73
Lernfähige Schnurrmonster? 77
Plaudertasche Charly 79
Ein paar Tipps und Tricks für zu Hause 82
Unabhängig wie eine Katze 89
Schnurrmonster als Spiegel unserer Seele 91

Wohnungshaltung oder Katze mit Freigang – was sagt meine Katze über mich aus? 94
Unsere Katzen übernehmen unsere Emotionen 96

Symbiose Katze und Mensch in Alter, Krankheit und Heilung 99
Gemütliche Seniorkatze 100
Angstmacher Krankheit, Leid und Schmerz – Katzen teilen unser Sorgen 101
Schmerzbedingt aggressives Verhalten 105
Heilung – in der Tiefe unseres Selbst 110
Trauma und posttraumatische Belastungsstörung 117
»Berti« in Panik – oder: die Kunst loszulassen 121
Warum alte und kranke Katzen unser Leben bereichern 123
Unsere älter werdende oder kranke Mieze braucht uns besonders 127
Taube und blinde Mieze bieten uns besondere Herausforderungen 130
Katzen nehmen vieles leichter 135
Waisenkind Miechen 137
Unterstützung für unseren Katzensenior 140
Einen besonderen Platz im Herzen eroberte »Herr Ringelnatz« 143
Stirb und werde! 145
Katzes Gang über den Regenbogen 149
Innig verbunden 155
Trauer 157

Hat meine Mieze ein Bewusstsein? 160
Selbst-bewusste Mieze 164
Katzen-Diva »Gloria« 168
Raub- und Beutetier in einem – wie fühlt es sich an, Katze zu sein? 170

Katzen: Seelentröster, Therapeuten und Ko-Therapeuten 174
Felinaltherapie 175
Wie Katzen-Lady Sally den Hunderüden Punky therapierte 177
Lebenspartner: Omi und Puppi 180
Wie Katzen das Selbstbewusstsein unserer Kinder stärken 181
Trauma-Therapeutin und Alltags-Therapeutin Katze .. 186
Sucht und Abhängigkeit 189
Nuckel-Manifest 191
Nuckler-Königin Maunzi 193
Liebesdienste unserer Katzen, die uns wachmachen sollen 201

Krafttier und Orakel-Katze 211
Katzenträume und Katzenorakel 213
Mystische Katze 217
Wie läuft ein Katzenorakel ab? 218
Beispiele für Fragen, Antworten und Interpretationen . 220

Was Katzen uns lehren – vom Schatten befreien 225

Anhang 227
Über mich – Tierpsychologin Elke Söllner: Petcoach Elke 227
Quellen- und Literaturverzeichnis 229

Vorwort

Ein Leben ohne Katze ist möglich, aber sinnlos. So sehen das wohl viele Menschen. 13,7 Millionen Katzen leben in Deutschlands Haushalten, 1,6 Millionen etwa in Österreich – damit ist die Katze das Lieblingshaustier der Deutschen und der Österreicherinnen und Österreicher.

Von jeher verbindet Menschen und Katzen eine besondere Beziehung. Immerhin kannten bereits vor Tausenden von Jahren viele Völker die mystische Kraft der Katze.

Das behagliche Schnurren, mit dem diese Tiere es uns erlauben, sie zu streicheln, erfüllt uns mit Wohlbehagen. Und es macht uns stolz, wenn Katzen mit ihrem unbestreitbar eigenen »Willen« es uns gnädig »erlauben«, sie anzufassen und uns ihre Zuneigung schenken.

Was Katzenfreunden immer klar war, gilt mittlerweile glücklicherweise als erwiesen: Tiere können Gefühle wie Freude oder Angst empfinden. Katzen vermögen bei einer innigen Bindung sogar unsere Emotionen aufzufangen. Von uns verdrängte und unterdrückte Anteile können von unseren Miezen auf körperlicher Ebene zum Ausdruck gebracht werden.

Auf diese Weise fungieren sie wie sanfte Therapeuten und wenn wir es zulassen, achtsam sind und uns auf ihre Eigenheiten konzentrieren, helfen sie uns bei verschiedenen Bewusstwerdungsprozessen. Katzen schaffen es, uns zu trösten und das Zusammenleben mit den Felltigern wirkt sich im Zusammenleben als heilsam aus.

Was unsere Katzen uns an Zuneigung, Hilfe und Gesellschaft schenken, können auch wir ihnen angedeihen lassen, wenn wir uns um unsere alternden oder kranken Katzen kümmern und ihnen so etwas von dem zurückgeben, was sie uns schenken.

Wir haben schon viel darüber gelesen, was die Sprache der Katze bedeutet, wie wir sie deuten können. Doch mit diesem Buch möchte ich Sie zu etwas völlig Neuem einladen: Lernen Sie Ihre Katze als Heilerin kennen und verbinden Sie sich mit der Kraft, die ihr innewohnt!

Ich wünsche Ihnen viel Lesevergnügen und spannende neue Erkenntnisse über Ihren Felltiger!

Elke Söllner

Glückselig oder doch »nur« glücklich?

Wie wunderbar ist es, abends nach einem langen Tag nach Hause zu kommen und von seiner Katze freudig begrüßt zu werden. Zugegeben, nach einer innigen ersten Begrüßung freut sie sich vor allem auch sehr über eine Portion ihrer Lieblingsnahrung. Katzen scheinen immer zu wissen, wie wir uns fühlen. Schnurrend schmiegen sie sich an uns oder verhelfen uns durch ihre stets frohe Spiellaune zu herzhaftem Lachen. Katzen sind besondere Geschöpfe. Wahre Geschenke an uns Menschen.

Die Katze. Oder: Felis silvestris forma catus

Wild und sanft zugleich. Beutefänger und Beutetier in einer »Person«. Das allein macht viel ihrer Faszination aus. Eine Katze hat keine Meinung zu sich selbst. Sie ist, die sie ist und versucht niemand anders zu sein. Egal wie viel wir über sie schreiben und forschen.

Wie haben Katzen überhaupt ihren heutigen Status als besondere Freundinnen der Menschen erreicht? Biologen gehen davon aus, dass unsere Hauskatzen in zwei »Wellen« gezähmt wurden. Dieser Erkenntnis liegen Untersuchungen zugrunde, bei denen über 200 Funde von Katzenskeletten aus den letzten 9.000 Jahren untersucht und ausgewertet wurden. Der Bogen spannt sich hierbei von den bekannten

Mumien aus Ägypten über steinzeitliche Funde bis hin zu Überresten aus Gräbern der Wikinger.

Unsere Hauskatzen *(felis silvestris forma catus)* sind eine Unterart der Wildkatze *(felis silvestris)* und zählen zur Gattung der Echten Katzen *(felis)*. Bereits Carl von Linné beschrieb die Gattung felis 1758 in der zehnten Auflage seiner »Systema Naturae«. Wissenschaftler um den Genetiker Carlos A. Driscoll an der University of Oxford analysierten 2007 das Erbgut von 979 Haus- und Wildkatzen. Dabei wurde offenkundig, dass alle heutigen Hauskatzen auf nur einen einzigen Vertreter der fünf bekannten Unterarten der Wildkatze *(felis silvestris)* zurückgehen. Das ist die Falbkatze *(felis silvestris lybica)*. Sie ist heute in Nordafrika und dem Nahen sowie Mittleren Osten heimisch, wo der Mensch vor über 10 000 Jahren sein Leben als Ackerbauer startete.

Glückseligkeit – was ist das?

Wahre Glückseligkeit entspringt unserem Innersten, aus der Verbindung mit dem Urgrund allen Seins. Es gibt keine speziellen Worte, um sie zu beschreiben. Sprache hat insbesondere dort ihre Grenzen, wo unsere Vorstellungskraft endet. Keineswegs beschreibt Glückseligkeit eine schlichte Emotion und sie ist nicht zu verwechseln mit dem einfacheren Gefühl des Glücklichseins. Vielmehr handelt es sich um einen Seinszustand von einzigartiger strahlend heller Qualität, in dem wir uns eins mit allem fühlen. Achtung vor allem, was ist, empfinden. Es gibt weder Vergangenheit noch Zukunft. Einzig das Jetzt. Vollkommenes Gewahrsein. Liebe fließt. Wir vermögen sie zu jeder Zeit und an jedem Ort zu erfahren. Ob auf dem Berggipfel, beim Spiel mit der Katze, beim Tanzen oder wenn wir einem wunderbaren Musikstück lauschen. Alleine oder in Gesellschaft uns nahestehender Menschen.

Eine wesentliche Voraussetzung, um Glückseligkeit zu erlangen, ist unser innerer Frieden, der wiederum Hand in Hand mit tiefer Freude geht. Um diesen inneren Frieden zu erfahren, müssen wir uns nicht gleichzeitig glücklich fühlen. Die genannten Seinszustände sind unabhängig von äußeren Lebensumständen oder Begebenheiten. Auf dem Weg zur Glückseligkeit begleiten uns hoch schwingende Emotionen in unserem Gemüt wie etwa stille Heiterkeit, Harmonie und Inspiration. Im Seinszustand der Glückseligkeit fühlen wir uns mit allem, was ist, verbunden. Die allem innewohnende und uns verbindende Essenz mag unerklärlich erscheinen, sie ist jedoch um nichts weniger spürbar. Trennung gibt es einzig in unseren Köpfen. Innerer Frieden und gleichermaßen innere Freude bedürfen ihrerseits der Hingabe an den gegenwärtigen Augenblick, dem Raus-aus-Dem »Schnell-schnell-noch-Tun« und rein in ein bewusstes ruhiges Handeln. Selbst wenn wir uns nur dem Putzen der Schuhe widmen. Habe ich etwa einen Abgabetermin, halte ich inne und lasse innere Ruhe einkehren, ehe ich die Arbeit starte. Ohnedies haben wir einzig auf das Jetzt Einfluss und können nur eines nach dem anderen erledigen. In jedem Fall sind Angst oder der Faktor Stress für Mensch wie Tier äußerst hinderlich auf dem Pfad zur Glückseligkeit. Heitere Gelassenheit hingegen strahlt Anmut und Selbstbewusstsein aus. Ein ebenfalls anzustrebender Zustand. Auch sie trägt, wie ihre Verbündete die stille Heiterkeit, eine hohe Schwingung und ist vollkommen unabhängig von der äußeren Welt.

Es ist leicht nachvollziehbar, dass Glückseligkeit ein für jeden anzustrebendes Ziel ist. Meist zeigt sie sich uns zuerst nur in kurzen Sequenzen, ehe sie sich uns in längeren Intervallen offenbart und schließlich bleibt. Dieser Prozess geschieht teilweise wie von selbst, wenn wir bereit sind, reflektierend voranzuschreiten sowie stetig an uns zu arbeiten, um unser Bewusstsein zu weiten und dem Ruf unseres

Innersten zu folgen. Es liegt ganz bei uns. Bei alledem dürfen wir den Blick auf das Ganze nicht verlieren.

Wie die Glückseligkeit ist auch die Liebe ein Seinszustand, den wir weder tun noch mit dem reinen Verstand erfassen können. Sie sind. Wir sprechen von der bedingungslosen Liebe, die frei von Erwartungen und Vorstellungen ist. Diese Liebe ist still. Die äußeren Dinge mögen sein, wie sie wollen, denn besagte Seinszustände existieren unabhängig und frei von der Welt der Formen. Sie sind für jeden frei zugänglich und wollen einzig von uns entdeckt werden, frei fließen können und gelebt werden. In diesen Seinszuständen können wir nicht anders, als ganz bei uns selbst zu sein und uns selbst sowie das Leben zu lieben. Alles fühlt sich leicht und hell sowie selbstverständlich an. Es gibt keine offenen Fragen. Wir sind und alles ist, wie es ist. Der Zugang zu diesen Seinszuständen wird beispielsweise in der Natur wie im Wald, am Meer oder durch für uns besondere Kunstwerke sowie im Zusammensein vertrauter liebgewonnener Menschen und Tiere gefördert.

Unsere Katzen sind weise Begleiter in den Prozessen hin zu Harmonie, innerem Frieden und Glückseligkeit. Immerhin scheinen sich einige von ihnen längst mit Glückseligkeit vertraut gemacht zu haben. Katzen sowie andere Tiere haben uns voraus, dass ihnen das Ego nicht oder nur in einem geringen Maße im Wege steht.

Forscher der Carnegie Mellon University in Pittsburgh zeigten im Rahmen einer Studie, dass Emotionen wie beispielsweise Fröhlichkeit, Ekel, Angst, Neid, Traurigkeit, Scham, Stolz, Lust und Wut beim Menschen im Hirn-Scan abgelesen werden können. Bestimmte Emotionen zeigen ihre Aktivität in bestimmten Arealen des Gehirns. Das wichtige Gefühl der aufrichtig empfundenen Dankbarkeit zeigt sich ebenfalls im Hirn-Scan. Sie verfügt über ein hohes Schwingungspotenzial und wirkt sich positiv auf unser Herz sowie unsere Gesundheit insgesamt aus. Zudem macht sie uns stressresistenter und zufriedener. Dankbarkeit ist wie gütige Achtsamkeit eine wichtige Förderin all unserer Bewusstseinsprozesse.

Ich unterstelle, dass wir uns für das Leben mit dem wunderbarsten Stubentiger auf der Welt dankbar fühlen. Es gibt keine liebenswertere, klügere und schönere Mieze als unsere. Indem sie uns wertfrei akzeptiert, wie wir sind, öffnet sich unser Herz und wir lieben sie und vertrauen ihr. Unser Mitgefühl für ihr Sein ist erwacht und wir wollen uns in sie einfühlen. Indem wir uns bewusst unserer Katze zuwenden, ihr still lauschen und so ihr Sein wahrnehmen, vermögen wir unser eigenes wahres Sein wahrzunehmen. In diesen Prozessen entdecken wir unsere Verbundenheit. Eine Essenz, die in uns allen schwingt, alles verbindet und die es uns unmöglich macht, unserem Gegenüber Leid zuzufügen.

Die zufriedene und glückliche Katze verbinden wir gerne mit Bildern von der auf dem Sofa an uns gekuschelten, entspannt schnurrenden Mieze. Auch jene sich in der Sonne räkelnde Samtpfote können wir hinzuzählen. Ebenso hinterlässt die ruhig und gelassen ihr Revier durchstreifende Katze, die zwischendurch von einem erhöhten Platz ihr Refugium seelenruhig überblickt, einen glücklichen sowie zufriedenen Eindruck. Schauen wir bei dem interaktiven Durchspielen einer Jagdsequenz in das Antlitz unserer Mieze, werden wir Funken der Glückseligkeit in ihren Augen wahrnehmen. Die Erklärung ist sehr einfach: Nur in der Jagd vermag der Beutegreifer Katze sein wahres Raubtierwesen voll auszuleben. Glückseligkeit erlangen wir folglich, indem wir erkennen, wer wir wirklich sind, und dem Ruf unserer Seele und unseres Herzens folgen. Mit anderen Worten ist das Tor zur Glückseligkeit, sein wahres Wesen, sein wahres Sein zu leben. Glückseligkeit kann sich erst im Außen präsentieren, wenn sie in unserem Inneren erwacht ist. Im Außen zeigt sich immer nur die Wirkung. Die Ursache von allem finden wir in uns und nicht umgekehrt. Wie innen so außen ist die Devise.

Wenn wir beispielsweise nicht wertschätzend und respektvoll mit uns selbst umgehen, wird es auch sonst niemand tun. Haben wir einen Konflikt mit dem Partner, schauen wir zuerst bei uns nach. Es geht nie um Schuld. Warum wählten wir diesen Menschen und gehen mit ihm in Resonanz? Welche inneren Dynamiken, Denkmuster oder Programmierungen führen zu dem Konflikt? Nicht umsonst nenne ich Beziehungen spirituelle Übungen. Wir lernen, entwickeln und heilen einander.

Damit wir dem Seinszustand der Glückseligkeit zumindest näherkommen und an ihr schnuppern können, lassen wir uns von unseren Miezen in die Welt der Unbeschwertheit des gegenwärtigen Augenblicks entführen. Das ist sehr einfach über das bereits erwähnte interaktive Beutespiel machbar. Es braucht nicht mehr als ein inneres klares Ja und dass wir uns bewusst einlassen. Immerhin machen Spiel und Spaß nicht nur unsere Katzen froh. Das Kind in uns erwacht zu neuem Leben und zeigt sich in herzhaftem Lachen.

Lassen wir uns von unserer Katze zum Fröhlichsein verführen und von ihrer Begeisterungsfähigkeit wie Spontaneität mitreißen! Lassen wir uns inspirieren und unserer Kreativität neues Leben einhauchen. Vielleicht werden wir die einen oder anderen Einstellungen und Denkmuster im Vorfeld einer Erneuerung unterziehen müssen. Ist beispielsweise das Spiel mit der Katze in uns als notwendiges Übel, als eine Pflichterfüllung, als ein »Muss« abgeheftet, dann werden wir nur schwer Freude empfinden können. Wir selbst entscheiden. Außerdem können wir uns die Frage stellen, ob unsere Gedanken wirklich immer unsere sind oder ob wir sie übernommen haben.

Merlin und Cleo – zwei Katzen wie aus dem Bilderbuch

In der Weihnachtszeit 2017 kam ich in den täglichen Genuss mehrerer Jagdsequenzen mit den beiden Samtpfoten meines Bruders. Es handelte sich um ein zweigeschlechtliches Geschwisterpaar von rund sechs Monaten. Katzen wie aus dem Bilderbuch. Richtige »echte« Katzen voller natürlicher Instinkte. Faszinierend bis in die Schwanzspitzen. Die Mutter war im Sommer mit ihrem dreiköpfigen Nachwuchs ausgesetzt worden und eine Freundin nahm sie bei sich auf. Mein Bruder versorgte mit seiner Familie zwei der Katzenkinder. Die beiden Katzen kuschelten besonders viel miteinander und entpuppten sich als ein gutes Gespann. Dies, obgleich theoretisch gleichgeschlechtliche Pärchen meistens am besten harmonieren. Entscheidende Kriterien bei der Auswahl der Kitten sind, neben der bereits bestehenden Rangordnung der Geschwister, unbedingt auch das Wesen und Verhalten. Das Aussehen ist Nebensache. Zwar blieb das Mädchen deutlich zarter und kleiner, war aber bei der Jagd ihrem Bruder um einiges überlegen. Insbesondere die Freude, Strategien zu entwickeln, zeigte sich täglich deutlicher. Schon bald forderte sie intensive Spieleinheiten von mir ein. Das freudige Leuchten in den Augen dieser beiden Stubentiger stimmte mein Herz fröhlich. Ein frohes Herz wiederum tut dem Körper wohl.

Diese beiden »unverfälschten« Katzen waren geborene Jäger. Der Kater namens Merlin schleppte seine erlegte Beute (eine an einem Bindfaden befestigte Fellmaus) regelmäßig zu einem ihm als sicher erscheinenden Ort. Seine Schwester Cleo wiederum verfeinerte täglich ihre Jagdstrategien. Beide waren ihrem Alter entsprechend äußerst ausdauernd bei unserem täglich stattfindenden interaktiven Beutespiel. Damit keine Langeweile einkehrte, durfte ich mir regelmäßig neue Verstecke für die Beuteattrappen einfallen lassen. Besonders beliebt waren künstliche Hügel und Täler aus Decken und raschelndem Papier. Natürlich musste sich die Beuteattrappe bewegen, der Bewegungsreiz ist immerhin der stärkste Auslösereiz für die Jagd. Einmal mehr zeigten mir diese beiden entzückenden Schnurrmonster, wie einfach es ist, Katzen Freude zu bereiten. Ganz im Hier und Jetzt erprobten sie ihre Kräfte und machten einen durch und durch glückseligen Eindruck.

Junge Tiere sind sehr leicht zu motivieren. Insbesondere ist bei ihnen darauf zu achten, dass sie nicht durch ein plötzliches Spielende in einer erhöhten Erregungslage sich selbst überlassen bleiben. Das Spiel will im letzten Drittel heruntergefahren werden.

Sich auf die Spielebene mit seinen Miezen zu begeben, macht nicht nur immens Spaß, sondern tut gleichzeitig Körper, Geist wie Seele gut. In der Leichtigkeit des Spiels lässt sich wunderbar alles Rundherum vergessen und wir werden ganz ins Jetzt versetzt. Nicht zu vergessen ist außerdem, dass uns die intensive Beschäftigung mit unseren Vierbeinern erdet.

Hat unsere Mieze einen guten Tag gehabt?

Wie fühlen sich Frau und Herr Katze heute? Haben Sie sich schon einmal diese Frage gestellt oder nehmen Sie von vornherein an, dass es Ihrer Samtpfote gut geht? Nicht nur unserem Vierbeiner dürfen wir täglich diese Frage stellen, sondern auch uns selbst.

Als Seelenwesen sind Katzen zu den gleichen Emotionen befähigt wie wir Menschen. Wie sie diese genau erleben, können wir zumindest erahnen und bis zu einem gewissen Grad erfühlen lernen. Keinesfalls können wir allein mit unserem Denken genau festmachen, wie sich unsere Mieze fühlt. Das wäre anmaßend. Selbst wenn wir uns auf die Gefühlsebene begeben, neigen wir dazu, den Tieren unsere menschlichen Emotionen überzustülpen. Zu rasch schließen wir von uns auf andere. Bei aller Empathie können wir jedoch sogar die Gefühle und Wahrnehmungen anderer Menschen oft nur erahnen. Beispielsweise können wir zwar Muttergefühle unabhängig davon, ob wir selbst leibliche Kinder haben, nachempfinden, der Tod des eigenen Kindes ist dagegen ein derart tiefer wie weitreichender Schmerz, den wir wohl kaum nachfühlen können. Allerdings traue ich mich anzumerken, dass wir auch für ein Tierkind sehr tiefe mutter- oder vaterähnliche Liebe empfinden können und sich bei seinem Tod ein Abgrund vor uns auftun kann. Am Rande sei erwähnt, dass manche Katzenmütter die Kitten anderer Katzendamen adoptieren.

Ebenso wie die Gefühle, die sich beim Tod eines eigenen Kindes bei Mutter oder Vater abspielen, ist es auch bei den Emotionen, die eine Schwangerschaft oder eine Geburt begleiten, kaum möglich, sich in die Situation einer Mutter einzufühlen. Wer dies selbst noch nie erfahren hat, kann die Gefühle, Stimmungs- und Gemütslagen nur erahnen. Außer vielleicht, wenn sich Erinnerungen aus Vorleben in unser Bewusstsein mengen. Wir dürfen demütig, bescheiden und dankbar sein. Unser kleiner Verstand weiß zum Glück nicht alles und gut ist es. Ein paar Geheimnisse darf das Leben zu bieten haben.

Empathie in alltäglichen Lebenssituationen kann allerdings trainiert werden. Mitgefühl bedarf der Praxis. Zudem ist die Kunst des bewussten Zuhörens ein sehr probates Mittel zur Förderung des Einfühlungsvermögens. Durch Zuhören erfahren wir außerdem mehr von unserem Gegenüber und können wichtige Botschaften sowie Informationen erhalten. Wenn wir dagegen dauernd nur selbst reden, kann uns sehr viel von dem entgehen, was unser Gesprächspartner uns über sich erzählen wollte. Zumindest sollten wir auf längere Frist den Weg vom Monolog zum Dialog finden. Vielleicht lieben wir teilweise unsere Vierbeiner auch deshalb, weil sie aufmerksame Zuhörer sind und nicht zurückreden. Weder maßregeln sie uns noch geben sie besserwisserische Kommentare ab. Geduldig lauschen sie unseren Ausführungen. Somit können wir uns wunderbar im Kreise drehen und weiterhin mit Scheuklappen durch die Welt marschieren.

Manchmal mag es wie ein Mysterium erscheinen zu durchschauen, warum sich unsere Mieze wie verhält, was in ihr vor sich geht oder wie sie sich heute fühlt. Mittels unserer bewussten Spürwahrnehmung sowie unserer Intuition vermögen wir ihrem Innersten sowie ihrer wahren Befindlichkeit auf die Spur zu kommen. Beide Fähigkeiten bedürfen unseres Trainings. Als wesentliche Voraussetzung müssen wir uns selbst spüren und uns selbstreflektiert sowie sehr bewusst einlassen. Nur indem wir uns selbst erkennen, unsere Herzen öffnen und aktivieren werden wir befähigt, mittels besagter Spürwahrnehmung sowie Intuition zu sehen und zu hören. Alles beginnt bei uns selbst, das können wir drehen und wenden wie wir wollen. Zugleich müssen wir uns immer wieder vor allzu menschlichen Interpretationen hüten.

Da ist beispielsweise der stets aufgedrehte Kater, von dem wir uns immer häufiger genervt fühlen. Wo ist die vielgepriesene kätzische Gelassenheit? Selbst wenn er auf seinem Lieblingsplatz dösend liegt, macht er einen angespannten Eindruck. Zumindest wollen weder seine Schwanzspitze noch seine Ohren zur Ruhe kommen. Wir wundern uns, was mit ihm los ist und haben sogar seinen Kumpel in Verdacht, ihn zu mobben. Nach einer weiteren schlaflosen Nacht wird uns plötzlich bewusst, dass wir die Ursache für das nervige unruhige Verhalten unseres Katers sind. Wir sind bedingt durch berufliche oder private Unannehmlichkeiten das reinste Spannungsbündel und unsere starke Gereiztheit, die wir selbst oft nicht mehr bewusst wahrnehmen, überträgt sich auf unseren Kater. In der Psychologie sprechen wir auch von Gefühlsansteckung.

Da Katzen immer einen Grund für ihr Verhalten haben, ist eine Katze, die plötzlich nicht mehr so wie sonst zu uns ins Bett schlafen kommt, keineswegs einfach nur launisch. Vielleicht fühlt sie sich durch den jugendlichen kätzischen Neuzugang im Bett gestört, der unter Umständen langsam Revieransprüche stellt und versucht ihr den Rang streitig zu machen. Rang- und Revierfragen sind bei Katzen eng verwoben.

Wesentlich ist, nicht allein für uns selbst sensibel zu sein, sondern für unser Gegenüber empfindsam zu werden. Die eigene Seifenblase darf sich für das du und hin zu einem wir öffnen. Es ist menschlich, ähnlich gesinnte Menschen mit ähnlichen Lebensstilen und dergleichen in sein Leben zu ziehen. Wir leben alle in Seifenblasen. Zudem sind wir manchmal dermaßen mit uns und unserer Arbeit beschäftigt, dass wir nicht wahrnehmen, wie es dem Partner oder Freunden geht. Oder wir leben in einer Seifenblase der eigenen rosaroten Komfortzone und wollen nicht hinausblicken, wie es Menschen außerhalb geht. Wollen uns nicht belasten. Achtsam wie respektvoll wollen wir behandelt werden. Dies werden wir nur erfahren, wenn wir mit unseren Nächsten – Tier und Mensch – ebenso umgehen.

Glückseliger Kater »Bruno«

Seit gut drei Jahren teilen meine tierliebenden Eltern ihr Heim mit Kater Bruno. Trotz seines Übergewichtes ist er ein munteres Kerlchen und bei der Jagd beinahe so behände wie ein Jungspund. Einzig erhöhte Positionen zu erobern, fällt ihm schwer. Solange der rote Nachbarskater Titus nicht auf der Bildfläche erscheint, wirkt er recht glückselig. Titus ist ein junger starker Kater, der Herausforderungen in Form wilder Revierkämpfe sucht. Bruno wiederum ist nicht bereit, sein neues Refugium ungefragt von einem fremden Kater durchstreifen zu lassen. Leider ist er als wohlbeleibter älterer Herr dem athletischen durchtrainierten Titus weit unterlegen. Dafür aber hat er Menschen hinter sich, die ihm rasch zu Hilfe eilen.

Kater Bruno wurde mit acht Jahren von einem Tierarzt übernommen, angeblich hatte das Tier eine chronische Harnsteinproblematik. In seinem vorherigen Zuhause musste er zahlreiche äußerst schmerzhafte Torturen von Tierärzten über sich ergehen lassen. Mit einer einfachen Futterumstellung auf überwiegend frische Nahrung gehören Harnsteine nun allerdings der Vergangenheit an. Wer weiß, vielleicht führten auch die vorherigen schlimmen Erfahrungen, die er zurücklassen konnte, zu diesem inneren Frieden, den Bruno jetzt ausstrahlt. Der Weg zur Glückseligkeit kann durchaus auch über Leid und Schmerz gehen, die dazu führen, dass die harte, nach außen gezeigte Schale zerbirst.

Bruno strahlt mehr als innere Zufriedenheit aus. Zu dieser tragen allerdings sein leibliches Wohl, Jagdspiel und Spaß, viel Zuwendung von »seinen« Menschen, gepaart mit seinem insgesamt stressfreien Leben bei. Hungrig möchte Kater Bruno gar nicht sein. Er reagiert entsprechend unwirsch, wenn seine Menschen seinen Aufforderungen, endlich den Kühlschrank zu öffnen, nicht nachkommen. Dann sind innerer Frieden und Glückseligkeit dahin. Meine Eltern kümmern sich mit viel Liebe und Hingabe um Bruno und er dankt es ihnen laut schnurrend.

Nicht nur Bruno, sondern viele Katzen strahlen etwas aus, dass Glückseligkeit zumindest sehr nahekommt. Des Weiteren verschaffen uns die lieben Miezen im Zusammenleben Momente, in denen wir uns immerhin annähernd glückselig fühlen.

Wie ich bereits angesprochen habe, steht uns Menschen, im Gegensatz zu den Vierbeinern, immer wieder das Ego den Bewusstseins-, Entwicklungs- und inneren Lernprozessen im Wege. Ego veranlasst uns beispielsweise dazu, immer und überall recht haben zu wollen. Selbst bei unbedeutenden Dingen kann es dem Ego schwerfallen, andere Ansichten und Meinungen gelten zu lassen. Da Ego dazu neigt, überall Gefahren zu wittern, entspringt dem Ego viel Angst, die sich etwa in inneren Widerständen gegen Veränderung spiegeln kann.

Katzen und auch andere Tiere können bei unseren Bewusstseinsprozessen als Vorbilder, Hinweisschilder bis hin zu Ko-Therapeuten und sogar als Therapeuten fungieren. Unter anderem leben sie uns vor, ganz wir selbst zu sein, authentisch zu leben, eins zu sein, wirklich zu sein. Gegenwärtig zu sein. Im Gegensatz zu uns Menschen verschwendet eine Katze keinen Gedanken daran, sich mit anderen zu vergleichen. Das wäre vergeudete Lebensenergie und würde sie ihrer Berufung berauben. Sie ist zufrieden mit sich, auch wenn sie vielleicht weniger Mäuse fängt als der Kater nebenan oder ein kleineres Haus mit ihren Menschen bewohnt. Wie sollte sie auch eine andere als sie selbst sein, und vor allem wozu?

Zusätzlich versperrt uns manchmal der jeweilige Zeitgeist, dem wir uns fast willenlos unterordnen, den Weg zu einem innerlich freien Leben und zur Glückseligkeit. Auch dieses Problem haben Katzen nicht. Ein Problem, das in Wahrheit keines ist und das wir selbst kreieren. Wir wollen im Trend sein, dabei sein, »in« sein – aber um welchen Preis? Wir uniformieren uns selbst, machen uns alle gleich und verlieren an Authentizität und Individualität. Auch in diesem Punkt können wir sehr viel von unseren Miezen lernen. Zudem versteht sich die Katze in der Kunst der Muße. In unserer schnelllebigen Zeit müssen wir diese oft neu erwerben. Da wir über einen freien Willen verfügen, obliegt uns selbst die Verantwortung und die Entscheidung darüber, welche Äußerlichkeiten wir über uns bestimmen lassen oder welchem Konsumdruck wir uns unterwerfen.

Wenn wir Glückseligkeit noch nicht selbst erfahren haben, können wir sie nur schwer bei einem anderen Lebewesen wahrnehmen. Auch wenn es sich um einen von äußeren Begebenheiten unabhängigen inneren Seinszustand handelt, beziehe ich normale Gefühle wie etwa Freude, Glück, Zufriedenheit und ebenso Angst, Schmerz und Trauer in meine Betrachtungen mit ein.

Vereinfacht ausgedrückt können wir uns unsere Emotionen als Energie in Bewegung vorstellen, die ihrerseits wieder mit vergangenen Erfahrungen im Kontext stehen. Fühlen wir uns immer wieder ungeliebt, zurückgewiesen oder minderwertig, finden wir den Ursprung sehr häufig in der Kindheit begraben. In diesem Zusammenhang ist erkennbar, dass Emotionen Vergangenheit sind, die wir in die Gegenwart importieren. All diese genannten »normalen« Gefühle schwingen auf unterschiedlichen Frequenzbereichen und können mit unserem Ego in Verbindung stehen. Gegenwärtig zu sein wie Katzen oder andere Tiere ist die ultimative Voraussetzung, um den Seinszustand der Glückseligkeit zu erfahren oder um ihm zumindest näher zu rücken. Da die Hingabe an den gegenwärtigen Augenblick zu innerem Frieden und darüber hinaus zu Glückseligkeit führen kann, verfügen Katzen über die optimalsten Voraussetzungen Glückseligkeit zu erlangen. Eine Katze denkt weder daran, wie sie gestern die Maus gefangen hat noch wo sie morgen der nächsten auflauern wird. Wir selbst beschäftigen uns zu oft mehr mit der Zukunft und der Vergangenheit, denn in der Gegenwart zu weilen. Deshalb können wir häufig nur (zumindest noch) erahnen, was Glückseligkeit ist. Vielleicht sollten wir öfter unsere Katzen befragen und ihnen genauer zuhören. Seien wir achtsam. Denn wie leicht kann es passieren, dass wir etwa einen wunderbaren Konzertabend mit lieben

Freunden durch Gedanken bis hin zu ausgewachsenen Sorgen über die bevorstehende Renovierung, den Manuskriptabgabetermin oder die schlechten Schulnoten der Kinder selbst boykottieren.

Vielleicht kitzelt unser Stubentiger mit seiner Fähigkeit zu Glückseligkeit unsere versteckte unbewusste Sehnsucht nach innerer Glückseligkeit wach. Womöglich wollen uns diese bezaubernden Vierbeiner aufmerksam machen und zum Erwachen bringen. Eventuell werden wir genau deshalb mehr und mehr von Herrn und Frau Katze in den Bann gezogen. Entdecken und entwickeln wir die Glückseligkeit in uns, brauchen wir uns nicht mehr mit Wesen umgeben, die diese für uns leben. Wir leben sie gemeinsam, wodurch die Welle der Glückseligkeit größer und stärker wird. Dies ist wie Balsam für unser Umfeld und die Welt insgesamt. Glückseligkeit will in uns entdeckt sowie gepflegt werden. Zumindest bis sie sich gut eingelebt hat, kann einiges an Arbeit notwendig sein. Arbeit mit und an uns selbst, schlicht um versteckte Anteile aus ihren dunklen Orten zu befreien und zu integrieren. Erst wenn diese erfolgreich integriert wurden, können wir sie loslassen. Unsere Zellen wollen förmlich von einem neuen Bewusstsein durchgepustet werden. Glückseligkeit ist von klirrend klarer Schönheit und Reinheit. Sie fühlt sich überirdisch wie nicht von dieser Welt an. Bezüglich der Zutaten für die Entwicklung und Entfaltung von Glückseligkeit, diesen wunderbaren Seinszustand, weisen uns die Katzen wie kleine Gurus Schritt für Schritt den Weg.

Geht es unseren Katzen gut, geht es uns gut. Sind wir wohlauf, sind es auch unsere Vierbeiner. Wesentlich ist, dass alles zum Wohle aller und keinesfalls auf Kosten anderer geht. Erlangen wir beispielsweise inneren Frieden, strahlen wir diesen auf unser Umfeld aus. Damit erschaffen wir nicht allein für uns, sondern auch für unsere Umgebung die Bedingungen für Glückseligkeit. Ohnedies geht es weit weniger darum, *was* wir tun als vielmehr darum, *wie* wir es tun und wie wir durch eine bestimmte Situation hindurchgehen. Dies beispielsweise im Sinne von freudig, gleichmütig oder gar in tiefem inneren Frieden und voller Vertrauen. Wie innen so außen. Die äußeren Umstände mögen vorerst sein, wie sie wollen. Ändern wir im Innersten unsere Einstellungen, Überzeugungen, Denkmuster, die Schwingungsebenen unserer Emotionen und surfen auf neuen Energiebahnen, werden alsbald die Veränderungen auch im Außen sichtbar. Wenn ich immer denke, dass alle Menschen schlecht sind und mich ausnutzen, belügen und betrügen, werde ich das im Außen erfahren. Alte Denkmuster und Einstellungen sitzen oft sehr tief, weil wir sie meist bereits in Kindertagen übernommen und verinnerlicht haben.

Wir alleine bestimmen und entscheiden, wie wir durch unsere augenblickliche Lebenssituationen durchgehen. Parallel können wir uns immer wieder die Frage stellen, was wir in die Welt hinaus strahlen. Da wir mit unseren Vierbeinern bei einer innigen Bindung in Resonanz stehen, uns die lieben Miezen infolge häufig spiegeln, können wir ebenso prüfen, was unsere Katze in die Welt hinaus strahlt.

Schnurrmonsters Befindlichkeiten

Wie sich unsere Miezen genau fühlen, können wir am zuverlässigsten auf tieferen Ebenen wahrnehmen, indem wir unsere Herzen öffnen, aktivieren und über unsere Herzen miteinander kommunizieren. Auf diesem Weg findet reine ungetrübte Kommunikation statt. Lüge oder Täuschung sind auf diesen hohen Schwingungsebenen nicht möglich.

Insbesondere solange unsere feine Spürwahrnehmung und Intuition noch nicht gut trainiert sind, dürfen wir uns auf äußerlich wahrnehmbare Hinweise für die momentane Befindlichkeit unserer Samtpfote verlassen. Diese sind unter anderem das aktuelle Verhalten. Beispielsweise kann

Schmerz seinen Ausdruck in plötzlich auftretenden aggressiven Verhaltensweisen finden. Eine Katze mit Zahnschmerzen etwa, kann äußerst unwirsch rasch ihre Krallen ausfahren.

Auch das körpersprachliche Ausdrucksverhalten insgesamt (unter anderem Mimik und Silhouette), der aktuelle Zustand des Haarkleides, der Augen sowie der Augenausdruck, diverse phonetische Äußerungen (inklusive des Schnurrens), Aktivitäts-, Schlaf-, Fress- und Putzverhalten können uns Aufschluss über die Befindlichkeit der Katze – aber ebenso über unsere eigene – geben. All die genannten und objektiv fassbaren Anhaltspunkte können wir einer regelmäßigen Überprüfung unterziehen. Das hilft, keine Unpässlichkeiten zu übersehen und fördert unsere Beobachtungsgabe. Außerdem tut es wohl, still zu werden und seine Katze aufmerksam zu beobachten. Das holt uns ins Jetzt und führt uns weg von den Problemen des Gestern und des Morgen. Zudem kann es sehr meditativ sein, unsere Katzen bewusst und ruhig zu beobachten.

Wir sollten uns allerdings nicht allein daran festmachen, was wir im Verhalten feststellen. Immerhin ist es in der Natur oft von Vorteil, sein Innerstes nicht gänzlich offenzulegen und seine Schwächen für sich zu behalten. Sie könnten von Feinden zu ihrem Vorteil genutzt werden. Daher verbergen wir uns bewusst oder unbewusst gerne hinter einer Maske. Es heißt nicht umsonst: »Wir halten uns bedeckt.« Ob Mensch oder Tier, in einer schlechten Verfassung ist jeder angreifbarer. Obgleich unsere Schnurrmonster im Allgemeinen authentisch durch ihr Leben wandern, so halten auch sie sich gerne ein klein wenig bedeckt. Dies können wir wunderbar beobachten, wenn unsere Miezen Artgenossen gegenüber die Analkontrolle verweigern. Immerhin sind Samtpfoten als Einzeljäger unter natürlichen Bedingungen ganz auf sich alleine gestellt. Umso geehrter dürfen wir uns fühlen, wenn uns Frau und Herr Katze auffordernd ihr Hinterteil präsentieren. Je größer das Vertrauen und je inniger die Bindung, desto mehr offenbaren sie uns. Das uns geschenkte Vertrauen ist der schönste Erfolg im Sein mit unserer Mieze.

Schnurren ist nicht gleich Schnurren – was Katze sagt

Wer mit Katzen lebt, weiß, dass Schnurren nie gleich Schnurren ist. Auch ein und dieselbe Katze hat unterschiedliche Schnurrlaute. In der Biologie sprechen wir beim Schnurren der Hauskatze von einer »Verjugendlichung« als Folge der Domestikation. Ein Zeichen hierfür ist, dass Stubentiger das Schnurren viel umfangreicher, öfter und nicht zuletzt uns Menschen gegenüber zeigen. Verjugendlichung, auch als Neotenie bezeichnet, bedeutet, wenn im Zuge der Domestikation, also der Umwandlung von Wildtieren zu Haustieren, jugendliche Merkmale – wie eben das Schnurren – auch im erwachsenen Alter erhalten bleiben. Die wohltuenden Auswirkungen des Schnurrens wie etwa die entspannungsfördernde und sogar blutdrucksenkende Wirkung unserer Hauskatzen sind vielen Menschen bekannt.

Mit dem Schnurren verfügen Katzen über einen biologischen Vorteil gegenüber anderen Tieren. Nicht nur unsere Hauskatzen vermögen beim Ein- und Ausatmen, beim Fressen und beim Trinken zu schnurren. Andere Kleinkatzen wie die Wildkatze oder die Falbkatze sind ebenso dazu befähigt. Als die vermutlich bekannteste schnurrende wilde Katze ist der Gepard Caine zu nennen. Zumindest wurde sein Schnurren von Robert Eklund, seit 2017 außerordentlicher Professor für Sprache, Kultur und Phonetik an der Linköping Universität (Schweden), in Südafrika aufgezeichnet. Auch ich selbst durfte vor Jahren einem zahmen, in einem Tierpark geborenen, Geparden bei seinem Geschnurre lauschen. Ebenso vermögen etwa der Puma, der Luchs, der Ozelot oder auch der Eurasische Luchs zu schnurren. Weitere wilde Katzenarten wie etwa der Löwe stoßen zwar manchmal eine Art Schnurrlaut aus, doch müssen sie zwischendurch Atem holen und unterbrechen. Übrigens zählt rein nach zoologischer Systematik der Gepard nicht zu den Großkatzen wie etwa der Löwe. Vielmehr zeigt sich eine relativ enge Verwandtschaft mit dem amerikanischen Puma. Beide werden dem dritten Hauptzweig in der Katzenentwicklung und trotz ihrer Größe den Kleinkatzen zugerechnet.

Es gibt verschiedene Theorien bezüglich der Erzeugung der Schnurrlaute. In jedem Fall steht außer Frage, dass das Schnurren unserer Miezen ein anatomisch aufwendiges sowie kompliziertes Unterfangen darstellt. Eine mögliche Erklärung ist der Grad der Verknöcherung im Zungenbein unterhalb der Zunge. Allerdings vermag auch der Schneeleopard zu schnurren, obgleich sein Zungenbein nur unvollständig verknöchert ist. Bei einer weiteren Theorie sind für die Erzeugung des Schnurrens gleichermaßen die Anatomie des Kehlkopfs wie dazugehörige Nervenimpulse verantwortlich. Gesichert scheint zu sein, dass die durch das Schnurren verursachten Vibrationen wichtige Selbstheilungsprozesse freisetzen können. Insbesondere die Heilung von Knochenbrüchen wird gefördert. Dies und noch mehr haben Wissenschaftler des »Fauna Communications Research Institute« in North Carolina herausgefunden.

Das Rätsel um der Katze Schnurren ist also noch nicht vollständig gelöst. Insgesamt kam die Forschung zu dem Ergebnis, dass unterschiedliche Katzenarten entweder zu brüllen oder zu schnurren verstehen. Beide Fertigkeiten bei einer Spezies sind dagegen nicht möglich. Wildlebende Katzenarten schnurren im Gegensatz zu unseren Hauskatzen überwiegend, wenn sie Nachwuchs haben. Unsere Hauskatzen schnurren ebenfalls besonders ausdauernd ihren Kitten gegenüber. Die Kleinsten der Kleinen müssen die Fertigkeit des Schnurrens üben, auch wenn sie sogar noch blind und taub bereits über die Grundlagen dieser Kunst verfügen. Schnurrend hängen sie an der Mutterzitze und intensivieren den Milchfluss, indem sie mit ihren Pfötchen sanft treten. Wir sprechen nicht zufällig von Milch*tritt*. Wahrlich glückselig wirkt so ein kleines Geschöpf. Katzenkinder sollten die Möglichkeit erhalten, sich natürlich von ihren Müttern abnabeln zu können. Bleibt ihnen diese Chance verwehrt und werden sie zu früh von ihrer Familie getrennt, bleibt ihnen unter anderem oftmals ein Nuckelverhalten inklusive Milchtritt erhalten. Den Milchtritt alleine zeigt auch die Mehrheit älterer Katzen. Sie drücken damit ihr Wohlbehagen aus und schaukeln sich damit selbst in eine Art Seligkeit. Haben Katzen die Wahl, bevorzugen auch sie ein Bad in angenehmen Gefühlen.

Da das Schnurren unterschiedlich motiviert sein kann, sollte immer der Gesamtkontext betrachtet werden. Unter anderem liegt die Vermutung nahe, dass mit dem Schnurren Endorphine im Gehirn ausgeschüttet werden, die unsere Stubentiger beruhigen, entspannen, ihnen wohlige Empfindungen bescheren sowie schmerzlindernd wirken. Zugleich scheint die schnurrende Katze das Signal zu senden, dass von ihr augenblicklich keine Gefahr ausgeht. Vielleicht will uns unsere Katze deutlich machen, dass wir mit unserem Streicheln genau richtig liegen. Allerdings können unsere Berührungen genauso rasch in Ungemach kippen. Mit anderen Worten widerspricht die Streichelaggression mancher Fellnasen diesen Theorien. Der uns mit freundlich erhobenem Schwanz schnurrend entgegenkommende Vierbeiner verführt schnell dazu, ihm unbesonnen über den Rücken zu streicheln. Ebenso, wenn er es sich schnurrend auf uns bequem macht. Allerdings wissen nicht alle Katzen unsere nett gemeinten Streicheleinheiten zu schätzen. Rasch können wir ihre Krallen oder Zähne zu spüren bekommen. Viele Miezen sind mit unserer physischen, jedoch berührungslosen Anwesenheit bereits zufriedengestellt. Bei unbekannten Katzen rate ich, zuerst in Ruhe »Guten Tag« zu sagen und wahrzunehmen, inwieweit Frau oder Herr Katze einen intensiven Zärtlichkeitsaustausch wünschen. Ein schmackhafter Futterhappen und insbesondere interaktive Beutespiele fördern Kontaktaufnahme, Vertrauen sowie einen unbeschwerten Bindungsaufbau.

Katzen schnurren in den unterschiedlichsten Lebenslagen und nicht nur, wenn sie glücklich und zufrieden sind. Bei Schmerzen, Angst oder Stress kann ebenso geschnurrt werden wie bei einer Geburt oder wenn sie sterben. Forscher der University of Sussex fanden heraus, dass Katzen auch schnurren, wenn sie hungrig sind, wobei sie in diesem Fall eine höhere Tonfrequenz integrieren. Viele Katzen verfügen über die Fähigkeit, gleichzeitig zu schnurren, zu miauen oder zu gurren. Wir finden beim besten Willen für das Schnurren kein Äquivalent bei uns Menschen. Katzen sind und bleiben besondere Geschöpfe.

Schlafmütze und Zappelphilipp

Bekanntlich sind Frau und Herr Katze dämmerungsaktive bis nachtaktive Beutegreifer. Wildlebende Katzen und teilweise auch Freilaufkatzen schlafen insgesamt weniger als reine Wohnungsmiezen. Anpassungsfähigkeit ist überlebensnotwendig, deshalb vermögen sich auch unsere Katzen bis zu einem gewissen Grad an unseren Schlaf- und Wachrhythmus anzupassen. Wir können uns das zunutze machen, indem wir Freigangkatzen nur tagsüber in den Garten lassen. Insbesondere in stark befahrenen Gegenden wird damit die Gefahr, überfahren und schwer verletzt oder getötet zu werden, stark eingeschränkt. Umgekehrt dürfen auch wir Menschen uns dem natürlichen Rhythmus unserer Stubentiger anpassen, indem wir zum Beispiel mit ihnen überwiegend morgens und/oder abends spielen. Wie viele Stunden unsere Miezen täglich schlummern, hängt unter anderem von ihrem Alter sowie von der Jahreszeit ab. Über den Daumen gepeilt können Katzen rund dreizehn bis siebzehn Stunden des Tages verschlafen. Wobei der echte Tiefschlaf jeweils nur einige Minuten währt. Natürlich hat der halbstarke Kater weit mehr Energie zur Verfügung und schläft daher deutlich weniger als sein Seniorpartner. Darauf ist bei der Zusammenstellung der Miezengesellschaft Rücksicht zu nehmen. Ebenso müssen wir bei reiner Wohnungshaltung insbesondere den aktiven Vierbeinern ein reicheres Angebot an Beschäftigungsmöglichkeiten anbieten. Weit mehr Zeit als im Tiefschlaf verbringen Stubentiger in einer Art entspanntem Ruhemodus oder Dösezustand. Allerdings sind sie bei kleinen Auslösereizen blitzschnell hellwach. Der Grund für das hohe Ruhe- und Schlafbedürfnis ist, dass die Jagd viel Energie kostet. Daher ist es überlebenswichtig, mit den Kräften gut hauszuhalten. Etwas, dass auch wir Menschen sehr oft zu lernen haben. Nicht umsonst leben wir in einer Zeit, in der Burn-out, chronische Erschöpfungssyndrome und Depressionen fast zur Normalität wurden. Des Weiteren sind viel umherwandernde Stubentiger, die anscheinend nie zur Ruhe kommen, ebenso auffällig wie jene besonders in sich zurückgezogen wirkende Samtpfoten. Wenn sich Katzen nicht mehr für Jagd und Spiel interessieren, dann geht es ihnen eindeutig schlecht. Immerhin leben Katzen nur in der Jagd ganz ihr wahres Raubtierwesen aus. Ihr verzückter Gesichtsausdruck, wenn wir die Beuteattrappe vor ihrer Nase tanzen lassen, lässt auch unsere Herzen höherschlagen.

Wir können uns in unser stressgeplagten hektischen Zeit, in der immer mehr Leistung in kürzerer Zeit verlangt wird, ein Beispiel an unseren Katzen nehmen. Gönnen wir uns so oft wie möglich Ruhe- und Entspannungszeiten – einfach aus Liebe, Verantwortungsgefühl und gütiger Achtsamkeit uns selbst gegenüber. Katzen haben kein Problem damit, sich zwischendurch ein kleines Nickerchen zu genehmigen. Es ist stets eine Augenweide zu beobachten, wie sie es verstehen, sich dekorativ zu Schlafe zu betten. Auch ihre Genussfähigkeit und das Talent, gut auf sich zu schauen, sind beeindruckend und haben durchaus Vorbildwirkung. Nach einer kleinen Mütze voll Schlaf vermögen wir wie unsere Miezen mit neuer Energie unser Werk fortzusetzen. Alles macht gleich wieder mehr Freude.

Katzen träumen. Sicher haben Sie bereits diverse Zuckungen der Ohren, des Schwanzes oder der Pfötchen Ihrer Fellnase beim Schlaf beobachtet. Was sie träumen, werden wir wohl nicht erfahren. Wie beschrieben scheinen Stubentiger ein hohes Schlafpensum zu haben. Im übertragenen Sinn verschlafen auch wir Menschen häufig einen großen Teil unseres Lebens. Aufwachen ist in vielen Fällen angesagt.

Am Rande möchte ich nicht unerwähnt lassen, dass es der Glückseligkeit unserer Katzen sehr entgegenkommt, wenn sie die Nächte mit uns im Schlafzimmer verbringen dürfen. Das Bett ist ein besonderer Ort, der unseren lieben Miezen allein durch unsere intensive Duftnote Sicherheit sowie Geborgenheit vermittelt. Gemeinsame Nächte vermögen unsere Fellpfoten zu stärken. Insbesondere, wenn wir den lieben langen Tag nicht zu Hause sind, sollten wir ihnen unbedingt gemeinsame Nachtstunden gönnen. Sonst wären sie die überwiegende Zeit alleine und das ist bei reiner Wohnungshaltung belastend. Eine derartige Lebenssituation bedeutet Frustration und führt infolge zu Stress. In diesen Fällen ist es besser, wenn wir ein geeigneteres Zuhause für unsere Katze suchen.

Tiere sind kein Besitz. Die gemeinsame Zeit auf Erden ist ein Geschenk. Sie sind Seelenwesen mit Bedürfnissen und wir sind die Verantwortungsträger. In diesem Sinn liegt es in unserer menschlichen Verantwortung auf die Bedürfnisse unserer Katzen Rücksicht zu nehmen. Beschließen wir unsere Leben mit einem Stubentiger zu teilen, müssen wir uns im

Vorfeld überlegen, was er für ein einigermaßen artgerechtes Leben benötigt. Unter anderem dürfen wir insbesondere bei reiner Wohnungshaltung den Katzen neben ausreichend Ressourcen, erhöhten Aussichtsflächen, sicheren Rückzugs- und Ruheorten die Jagd nicht vorenthalten. Zum Glück müssen wir ihnen keine lebende Beute vor ihre Pfoten setzen. Das Durchspielen von Jagdsequenzen mithilfe von Beuteattrappen reicht vollkommen aus. Außerdem ist die bewusst gemeinsam verbrachte Zeit mit einem geliebten Geschöpf ein großes Geschenk. Die Haarbüschel am Teppichboden oder am Sofa nehmen wir gerne in Kauf. Immerhin akzeptieren uns die Katzen mit all unseren Macken. Wir können sein, wie wir sind. Eine Katze bringt Gemütlichkeit und eine neue frohe Lebendigkeit in unser Heim. Aufmerksam lauschen sie unseren Berichten und urteilen nie. Als wahre Seelentröster spüren sie unsere Befindlichkeiten. Allein wenn wir unsere Katzen beobachten, werden wir ruhiger und können ewig plappernde Gedanken leichter abfließen lassen. Katzen holen uns ins Jetzt. Streicheln wir unsere Samtpfote ruhig und bewusst, beruhigt sich automatisch unser Verstand. Weil die Katze keine Meinung über sich hat, vermag sie jeden Augenblick heiter und fröhlich zu genießen. Das dürfen wir nachahmen. Befassen wir uns mit der Gefühlslage unserer Katze, erfahren wir automatisch auch etwas über unser Innenleben. Indem wir sie lieben, öffnen wir automatisch unser Herz und Mitgefühl kann fließen. Ihre Schönheit und ihre Anmut sind umwerfend. Auf ihren kleinen gepolsterten Pfoten im wilden Spiel durch das Wohnzimmer jagend, schenken sie uns unbeschwerte Fröhlichkeit. Für mich sind es Absprachen in Liebe, dass sie uns begleiten und auf unserem irdischen Weg helfen.

Katzenwäsche – zwischen Hygiene, Spannungsabbau und Zwangsverhalten

Der Zustand des Fells sowie das Putzverhalten unserer Mieze geben Auskunft über ihr aktuelles Wohlbefinden. Bei Unwohlsein seelischer oder körperlicher Natur wirkt das Haarkleid unserer Fellmonster rasch struppig und zerzaust.

Wie jeder Katzenhalter bestätigen wird, sind alle Katzen äußerst reinliche Geschöpfe. Hingebungsvoll lecken und schlecken sie ihr Haarkleid, wodurch lose Haare ebenso wie kleine Fremdkörper und bedingt auch Parasiten entfernt werden. Der Katzenzunge kommt, wie etwas später genauer erläutert wird, bei der Fellpflege eine besondere Bedeutung zu. Es ist leicht vorzustellen, dass besagte intensive Pflege zugleich die Durchblutung der Haut anregt, fördert und die Produktion der Talgdrüsen stimuliert. Die Talgdrüsen haben die nützliche Funktion, Fett abzusondern, wodurch der Katze Pelz wasserdicht und geschmeidig bleibt. Die Ausdauer der Fellpflege ist phänomenal. Unsere Samtpfote kann durchaus etwa dreieinhalb Stunden täglich mit Putzen zubringen. Selbstredend hat wie wir Menschen auch jede Katze ihre persönliche Duftnote. Im Gegensatz zu unserem Stubentiger führen Löwen wie auch andere Großkatzen keine solch hingebungsvolle Schönheitspflege durch.

Keineswegs unterziehen sich Katzen nur deshalb regelmäßig einer derart intensiven Körperpflege, weil sie schmutzig sind. Vielmehr bringt es weitere Nützlichkeiten mit sich. Vielleicht ist Ihnen bereits aufgefallen, dass sich Ihre Samtpfote im Sommer häufiger einer sehr gründlichen Katzenwäsche unterzieht als im Winter. Wie Hunde besitzen auch Katzen nur wenige Schweißdrüsen wie jene an den Ballen und am Kinn. Das Putzen erfüllt neben der Säuberung die Aufgabe einer Art Klimaanlage. Indem die Katze ihren Speichel über das Fell verteilt, entsteht Verdunstungskälte, die an heißen Tagen Abkühlung verschafft. Wir können an sehr heißen Tagen durchaus mithelfen, indem wir mit einem leicht angefeuchteten Tuch oder auch nur feuchten Händen unserem Stubentiger in Strichrichtung über das Fell fahren. Das kühlt auf sanfte Weise und wird daher meist gerne angenommen. Da das Putzen Frau und Herrn Katze durstig werden lässt, empfehle ich mehrerer Wasserstellen aufzustellen. Es liegt in der Natur unserer Miezen, dass sie Futter und Wasser bevorzugt an unterschiedlichen Orten aufnehmen. Der Grund ist jener, dass unter natürlichen Bedingungen ein Kadaver das Wasser verunreinigen könnte. Katzen sind nicht gänzlich domestiziert, ein Teil von ihnen bleibt immer wild und daher finden wir bei unseren Stubentigern bei aller Anpassung an das Leben mit uns Menschen viele tiefsitzende und ursprüngliche Verhaltensweisen wieder. Um ein glückseliges Leben zu gewährleisten, sollten wir auf diese Eigenart Rücksicht nehmen. Deshalb ist es günstig, das Wasser nicht direkt neben der Futterschüssel zu positionieren.

Langhaarkatzen muss man bei der Fellpflege unter die Arme greifen und sie regelmäßig bürsten. Sonst können hartnäckige Haarknoten entstehen, denen nicht einmal die Häkchen der Katzenzunge Herr werden. In diesen Fällen müssen wir sie herausschneiden oder von fachkundiger Hand entfernen lassen. Ein guter Grund, bereits unser Katzenkind an das Bürsten sowie an die Manipulation verschiedener Körperregionen wie der Ohren, Pfoten und Zehen, zu gewöhnen. Dies vereinfacht das Leben ungemein und verhilft unseren Schnurrmonstern zu mehr Gelassenheit. Bleibt man insbesondere in der Anfangszeit gefühlvoll konsequent, dankt es uns die liebe Mieze, indem sie fortan unsere Bürstenstreichler mit Genuss über sich ergehen lässt. Wir beginnen ganz langsam, gehen in kleinen Schritten vor und bekräftigen unsere Berührungen über Spiel, Futter und verbalen Zuspruch. Bereits während der ersten wenigen Bürstenstriche reichen wir parallel ein paar auserwählte Futterhappen und gewöhnen auf diesem einfachen Pfad unsere Mieze an das

Bürsten. Katzen bevorzugen ruhiges und eher leises Reden in einem freundlichen Tonfall. Es scheint, als würden unsere Stubentiger leises, zartes Flüstern als einen zärtlichen Akt wahrnehmen. Nur zu oft antworten sie ebenso sanft.

Vorsicht ist allerdings geboten, wenn unsere Katze sich der Körperpflege allzu intensiv widmet! Da Putzen auch dem Spannungsabbau dient, können sehr aufwendig betriebene Putzrituale Stresssignale sein. Spätestens, wenn sich Ihre Mieze mehr als häufig regelrecht das Fell auszupft, ist bitte fachkundiger Rat einzuholen. Nehmen womöglich kahle Stellen überhand, dann ist eine tierärztliche Abklärung wegen etwaiger Parasiten, Milben oder Allergien angezeigt.

Wenn wir unsere Katzen bei der Körperhygiene beobachten, finden wir durchaus Parallelen zu unserem eigenen Leben. Auch wir pflegen unsere Körper, um uns sauber zu halten, andererseits genießen wir warme Bäder, Wellnessprodukte und einfach die Zeit, wenn wir uns auf diese Weise selbst verwöhnen. Doch ebenso gut kann unser Verhalten in Zwangsrituale umschlagen, die auf innere Probleme hindeuten.

Manche Katzen beziehen uns in ihre Katzenwäsche mit ein. Indem einige von ihnen uns regelmäßig mit ihrer rauen Zunge bearbeiten, drückt sie unter anderem ihre Zuneigung aus. Außerdem wird auf diese Art der soziale Kitt aufgefrischt, der anzeigt, dass wir zusammengehören. Wie wir wissen, ist es immer ein gutes Zeichen, wenn Katzen einander gegenseitig putzen und waschen. Beziehen sie uns in diesen Ritus ein, dürfen wir uns glücklich schätzen. Frau oder Herr Katze mögen uns. Wir sind ihrer würdig.

Wer schon einmal mit der Katzenzunge Erfahrungen sammeln durfte, wird bestätigen, dass sich diese nicht unbedingt sanft auf der Haut anfühlt. Verursacht wird das raue Gefühl durch eine Art Häkchen auf der Katzenzunge. Wie alles im Leben, so haben auch diese einen Sinn. Wissenschaftler um Alexis Noel vom Hu Laboratyry for Biolocomotion an der Georgia Tech haben die Funktion der Häkchen beim Putzen der Katzen näher untersucht. Unter anderem fanden sie heraus, dass die Katzenzungenhäkchen eine optimale Anpassung sind, um auch besonders hartnäckige wie lästige Haarknoten zu entwirren. Zudem lassen sich die Haare durch simples Abstreifen in die Gegenrichtung loswerden. Das bedeutet in Rachenrichtung, wodurch die Haare immer abgeschluckt werden. Das hierbei aufgenommene Fell führt im Magen leicht zu der Entstehung von Haarballen, die entweder über den Kot oder durch Erbrechen ausgeschieden werden müssen. Wir können mit Katzengras oder Malzpaste der Katze helfen, die geschluckten Haare unspektakulär auszuscheiden. Fast jeder Katzenhalter kennt die wieder herausgewürgten Fellknäuel auf dem Teppichboden. Auch das gehört zu dem Leben mit einem Schnurrmonster. Ein interessantes Detail ist die Ähnlichkeit der Häkchen der Zunge mit den Katzenkrallen.

Futter im Napf und für die Seele

Bei der Flüssigkeitsaufnahme unserer Samtpfoten kommt der Zunge eine sehr wichtige Funktion zu. Unsere Miezen zeigen auch beim Trinken ein fast außergewöhnliches oder anders ausgedrückt, sehr spezialisiertes Verhalten. Das ist grundsätzlich nicht ungewöhnlich, spricht es doch für die hohe Anpassungsfähigkeit, die das Überleben in der Natur sichert. Forscher fanden heraus, dass Katzen für die Flüssigkeitsaufnahme eine Art Wassersäule mit der Zunge bilden. Wir können uns die Zunge wie zu einem Löffel geformt vorstellen, mit dem unsere Mieze infolge in diese Säule »beißt« und auf diese Weise jeweils eine kleine Menge Flüssigkeit aufnimmt. Auch wenn gesunde Katzen pro Kilogramm Körpergewicht etwa sechzig Milliliter Wasser aufnehmen, decken sie einen erheblichen Teil ihres Flüssigkeitsbedarfs über die Nahrung.

Als ehemalige Wüstentiere neigen Katzen nach wie vor dazu, eher zu wenig zu trinken. Insbesondere die gestresste und/oder gemobbte Katze vergisst rasch auf die Wasseraufnahme. Für das Wohlgefühl unserer Stubentiger sind mehrere Wasserstellen an unterschiedlichen Orten dienlich. Daher sollten wir ihnen ein reiches Angebot machen und auf ihre oft sehr speziellen Vorlieben eingehen. Manche bevorzugen abgestandenes und andere fließendes Wasser aus der Leitung. Sie sind und bleiben faszinierende Geschöpfe, unsere Miezen.

In meiner Praxis führen mir Katzen ihr sehr unterschiedliches Fressverhalten bei Stress, Besorgnis und Kummer deutlich vor Augen. Bereits in meinem Buch »*Die besorgte Katze*« beschrieb ich ein paar psychisch bedingte Parallelen des Essverhaltens bei Mensch und Katze. Drückt beispielsweise etwas auf die Seele oder besteht eine stressreiche Lebenssituation, schlägt sich das sehr rasch in einer veränderten Nahrungsaufnahme nieder. Das *Wie* ist individuell unterschiedlich. Die einen verspeisen mehr als bisher und den anderen scheint plötzlich jeder Bissen im Hals steckenzubleiben. Auch in diesem Punkt sind uns die lieben Miezen ähnlicher, als wir oft glauben mögen. Sehr vereinfacht ausgedrückt hält sich immer noch das Vorurteil: Verliert jemand plötzlich aus Kummer oder Stress an Gewicht, ist er in unseren Augen leidend und erhält wohlwollende Worte sowie Zuwendung. Dem Dicken hingegen mangelt es an einem starken Willen. Er soll sich zusammenreißen. Niemals sollten wir von uns auf andere schließen. Vorschnell zu urteilen und zu werten, steht uns nicht zu. Depression hat viele Gesichter. Es heißt nicht umsonst Kummer*speck*. Gerne sprechen wir auch von einem Schutzpanzer.

Außerdem speisen Katzen wie wir Menschen aus Langeweile, Einsamkeit und zur Selbstberuhigung oftmals mehr als ihnen guttut. Diese Katzen reagieren auf Nahrungsreduktion und Hunger besonders gereizt. Unter anderem können sie ihrer Frustration durch aggressives Verhalten Luft machen. Nicht selten muss ein Artgenosse oder auch der Tierhalter als Sündenbock herhalten.

Die Lösung liegt keineswegs in einer größeren Futterration. Wie immer müssen wir zuerst die Ursache finden. Hilfreich sind in jedem Fall viele kleine Mahlzeiten auf den Tag verteilt sowie das regelmäßige Durchspielen ganzer Jagdsequenzen in Form des interaktiven Spiels. Wie bei uns Menschen liegt die Lösung neben der Ursachenfindung sowie -behebung (wenn möglich) in einer ausgewogenen Ernährung, Bewegung, Freude, Zuwendung, sozialen Kontakten, Umfeldgestaltung und dem rechten Maß an Nähe und Distanz. Alles zusammen erhöht das seelische Wohlbefinden.

Kater Sindbad

Kater Sindbad sollte aus gesundheitlichen Gründen ein paar Kilo abnehmen. Seinen Unmut über die Futterreduktion ließ er an seiner neuen befellten Lebenspartnerin aus. Als Folge ließen Spannungen und Stress in der Katzengruppe nicht lange auf sich warten.

Die Katzendame war ohnedies nicht sonderlich begeistert von dem Neuzugang Sindbad, deshalb mussten wir in erster Linie für ein harmonisches Miteinander sorgen. Die Kalorienzufuhr wurde zwar reduziert, zum Ausgleich wurde allerdings hochwertige naturnahe Nahrung angeboten. Parallel dazu durfte sich Sindbad an täglichen Jagdsequenzen in Form des interaktiven Beutespiels erfreuen, die neben dem Verbrennen der Kalorien auch dem Spannungsabbau dienlich waren und simpel gute Gefühle schufen. Außerdem wurden die Futterstellen gestreut aufgestellt sowie gewechselt, Snacks wurden versteckt und Sindbad musste sich seine Nahrung teilweise erarbeiten. Wir müssen immer wieder die Prioritäten abwägen. Übergewicht an sich könnte uns egal sein, wenn es nicht auch für unsere Schnurrmonster auf Dauer gesundheitlich bedenklich wäre.

Zutaten für einen Melange an Glückseligkeit für Katze und Mensch

Auch wenn anscheinend manche Katzen schon glückselig geboren werden, so kann Glückseligkeit bei Mensch und Katze ebenso im Laufe des Lebens erlangt werden.

Glückseligkeit bedeutet auch bei unseren Katzen, dass sie sich in ihrer Mitte ruhend sowie in Frieden mit sich und der Welt befinden. Innerhalb einer Katzengesellschaft fällt die in sich ruhende Katze unter anderem durch ihren gleichmütigen sowie ausgleichenden Charakter auf. In den überwiegenden Fällen kommen sie mit allen Mitgliedern der Miezengesellschaft ausgezeichnet zurecht. Sie werden respektiert, wobei wir den Eindruck erlangen könnten, dass sie nichts dazu beitragen. Dem ist natürlich nicht so. Wie bereits bekannt, kommunizieren Katzen äußerst subtil und dem menschlichen Auge entgeht daher der Großteil ihres Gesagten. Etwas Souveränes, wie über den Dingen zu stehen, scheint ihnen im positivsten aller Sinne anzuhaften. Zugleich sind sie äußerst authentisch und mit einer Art natürlichen, schönen, klaren Selbstbewusstheit gesegnet. Keineswegs müssen sie immer und überall in der ersten Reihe stehen. Durchaus können sie auch von etwas scheuerem Naturell sein. Das eine schließt das andere keineswegs aus. Allerdings wird den souveränen Katzen in der Gruppe so gut wie immer der Vortritt gelassen und häufig handelt es sich hierbei um ältere lebenserfahrenere Vierbeiner. Zu alledem unterstelle ich ihnen Weisheit.

Es sind weniger die äußeren Erscheinungen oder Formen als die innere Zufriedenheit, ein ausgewogenes Gemüt, Harmonie und dieser gewisse Friede, den die glückselige Katze ausstrahlt. Das in seiner natürlichsten Ausprägung. Es ist das Gesamtpaket, das mir eine glückselige Katze vor Augen führt. Die therapeutische Wirkung einer glückseligen Mieze in einer Miezengesellschaft ist phänomenal. Ich durfte mit derartigen Katzen privat sowie bei meiner Arbeit Bekanntschaft machen und Freundschaften schließen. Meine Sally etwa war eine wahre Lady. Oder Jakob, ein alter weiser Kater von Klienten. Beide weilen nicht mehr auf der Erde. Sie erreichten ein stolzes Katzenalter und hinterließen ihre Pfotenabdrücke in den Herzen ihrer Menschen.

Wenn eine Katze über den Regenbogen in die andere Dimension geht, ändern sich innerhalb der Katzengruppe die Beziehungen zwischen den weiterlebenden Schnurrmonstern. Ebenso, wenn eine neue Mieze in den Bestand aufgenommen wird. Dementsprechend spiegeln die Beziehungsgeflechte deutlich das Abtreten souveräner Geschöpfe. Infolge können vermehrt Disharmonien auftreten oder aber die bleibenden Miezen nähern sich einander überraschend freundlich an. Sie rücken gewissermaßen zusammen, weil die Sicherheitssäule des souveränen Tieres fehlt. Es scheint, als hielten sie plötzlich mehr zusammen, um sich sicherer zu fühlen. Das, obgleich der Einzeljäger Katze sehr gut alleine durch sein Leben kommt. Allerdings lassen sich Katzen durch Veränderungen jeder Art rasch aus dem Lot bringen und verunsichern. Das hohe Sicherheitsbedürfnis unserer Miezen ist hinlänglich bekannt und ich beschrieb es ausführlich in meinem Buch »*Die besorgte Katze*«. Abgesehen davon sind Katzen immer für Überraschungen gut. Auch wenn unsere Fellnasen über den Verlust einer Partnerkatze trauern, haften sie dennoch weniger intensiv an als wir

Menschen. Mit unserem Anhaften an Vergangenem, Dingen, Menschen, Beziehungen und anderem mehr, erschweren wir uns das Leben, das Bewegung ist und frei fließen will. Der kontinuierliche Wandel ist das einzig Konstante in unser aller Leben. Mit anderen Worten ist eine wesentliche Zutat für mehr Glückseligkeit, das Leben fließen zu lassen, weniger anzuhaften und alte Energien in Liebe loszulassen.

Indem wir die Bedürfnisse unserer Stubentiger berücksichtigen, verhelfen wir ihnen zu mehr Wohlgefühl und dazu, leichter in ihrer inneren Mitte zu ruhen. Dies ist eine wesentliche Voraussetzung, um über den inneren Frieden zu Glückseligkeit zu gelangen. Da die glücksige Katze wie beschrieben bereits überwiegend in ihrer goldenen Mitte ruht, gerät sie selten aus ihrem Takt und wenn, dann nur kurz. Hier spreche ich nicht davon, dass natürlich auch die selbstbewussteste souveränste Mieze in Angst und Schrecken versetzt werden kann. In die Stille zu gehen ist Teil des Lebens unserer Samtpfoten und wir sollten ihr dies so oft wie möglich gleichtun. Immer wieder werden wir vom Leben herausgefordert, unser Gedankenräderwerk zu stoppen, zu entspannen und loszulassen.

Oft schon hatte ich den Eindruck, als würden Katzen meditieren. Mediation ist auch für uns Menschen äußerst förderlich, um über die Stille den inneren Frieden zu entdecken oder wiederzuerwecken. Wir brauchen uns nur zu erinnern und die Katzen helfen uns dabei. Sie sind Geschenke an uns Menschen auf unserem Pfad der Bewusstwerdung. Unsere Katzen ruhig und bewusst zu beobachten oder mit ihnen zu spielen, bringt uns auf der Stelle ins Jetzt und somit in eine angenehme Ruhe. Eine ihrer Möglichkeiten, uns auf Wesentliches hinzuweisen, besteht darin, unsere Emotionen sowie unser Verhalten zu spiegeln. Wir können viel von unseren Katzen lernen. Lassen wir uns auf diese Prozesse ein, wird der Lohn reich sein. Dem Ruf seiner Seele zu folgen, hat oberste Priorität und unsere Miezen unterstützen uns.

Hingabe ist ein wesentliches Werkzeug. Die Hingabe an den gegenwärtigen Augenblick beinhaltet die Aufgabe aller Widerstände. Auch in diesem Bereich können wir uns viel von unseren Katzen abschauen. Die Schwingungen glückseliger Katzen übertragen sich auf uns und wirken ausgleichend wie heilsam. Wir fühlen uns in ihrer Nähe besonders wohl. Glückseligkeit lässt sich nicht messen und es muss auch nicht immer alles mit dem logischen Denken erklärbar sein. Es genügt, sich von Glückseligkeit wie getragen und wohlig eingehüllt zu fühlen.

Jeder von uns hat seine sehr persönliche Sicht der Dinge, gemäß seiner subjektiven Wahrnehmung, die von individuellen Mustern und Programmierungen geprägt ist. Daher sollten wir weder über andere urteilen, sie bewerten noch voreilige Schlüsse ziehen. Die Wahrheit liegt in der Mitte, wie es so schön heißt. Nichts scheint, wie es ist. Wir dürfen den Vorhang wegziehen und hinter die Kulissen blicken. Mit unserer Spürwahrnehmung genauer hinfühlen. Unserer Intuition freieren Lauf gönnen. Zu rasch stülpen wir anderen Wesen unsere Vorstellungen und sogar eigene Gefühle über. Wir glauben, was uns guttut, tut auch unserem Gegenüber gut. Weit gefehlt. Ein Blick in die Augen unseres Gegenübers sagt manchmal mehr als tausend Worte. Da wie bei uns Menschen auch bei unseren Katzen die Augen die Fenster zur Seele sind, können wir sie an diesen erkennen. Nicht umsonst bleiben die Augen über alle Inkarnationen hinweg gleich. Blicken wir uns im Spiegel bewusst direkt in die eigenen Augen, vermögen wir unserer Seele gewahr zu werden.

Ebenso wie die Liebe will auch Glückseligkeit frei sein. Sie kann sich einzig im Freisein, ohne jeglichen Druck und Zwang, entfalten. Frei insbesondere im Sinne von innerem Freisein und von frei fließenden Energien. Nichts muss und alles darf sein. Denken wir an Katzen in ärmeren Ländern. Wenn der Mensch wenig Nahrung für sich findet, bleibt auch nicht viel für die Tiere. Lebende Beute findet sich zudem häufig nicht im Übermaß. Dennoch treffen wir auch dort Katzen mit glückseliger Ausstrahlung. Wir meinen, dass diese Katzen unglücklich sein müssten. Ich stelle die Frage in den Raum, ob eine solche Katze wirklich eine größere Glückseligkeit in einer Stadtwohnung, wo sie Tag um Tag alleine zubringt, erfährt. Womöglich muss sie auf dem Weg in das »gelobte Land der Großstadt« strapaziöse traumatisierende Transporte über sich ergehen lassen. Natürlich ist ein gut gefüllter Futternapf ebenso wenig zu verachten wie der warme Platz am Ofen und die Streicheleinheiten liebevoller Menschen. Frau Katze gurrt und der Kühlschrank springt auf. Herrlich. Katze im Paradies! Zumindest ist das unser Ansinnen. Wir meinen es gut und bemühen uns, den lieben Miezen einen Garten Eden zu Füßen zu legen. Zumindest das, was wir uns unter einem Garten Eden für Katzen vorstellen. Hierbei darf unter anderem nicht auf Rückzugsmöglichkeiten, um in die Stille gehen zu können, verzichtet werden. In sich gehen, um sich selbst zu erkennen und um sich selbst ganz nahe zu sein. Wer macht sich zwischenzeitlich nicht gerne unsichtbar? Die Jagd dient in der Stadtwohnung nur noch dem Spaßfaktor und ist nicht länger für den Lebenserhalt notwendig. Da die Katze ein Beutegreifer durch und durch bleibt, muss sie die Möglichkeit, ihrer Jagd nachkommen zu können, erhalten. Mit anderen Worten kommen wir bei reiner Wohnungshaltung zum Wohle der Miezen nicht umhin, mit ihnen komplette Jagdsequenzen durchzuspielen.

Obgleich ich Studien nicht immer als das Gelbe vom Ei erachte, so möchte ich dennoch eine interessante Studie der Veterinärmedizinischen Universität Wien erwähnen. Hierbei wurde das Verhalten von Katzen in Tierschutzhäusern näher unter die Lupe genommen. Eindeutig ging dabei hervor, dass die Katzen bei zu wenig Rückzugsmöglichkeiten, insbesondere bei einer hoher Katzendichte, großen Stress leiden. Dies zeigte sich unter anderem durch vermehrtes Putzverhalten und einer Änderung des Fressverhaltens. Keine leichten Voraussetzungen, um Glückseligkeit zu erlangen, auch wenn es sich bei diesem um einen inneren Seinszustand handelt. Ebenso wichtig sind erhöhte Aussichtsflächen, um in aller Ruhe sowie mit dem Gefühl der Sicherheit das Revier überblicken zu können.

Ist es nicht erstaunlich, in wie vielen Dingen Katzen uns gleichen?

Glückliche Wohnungskatze

Immer wieder wird die Frage an mich herangetragen, ob Wohnungskatzen glücklich sein können. Ich gehe den Schritt weiter zu behaupten, dass auch eine Katze ohne Freigang nicht nur glücklich wie zufrieden, sondern durchaus auch Glückseligkeit erfahren kann. Eine wesentliche Grundvoraussetzung ist die katzengerechte Umfeldgestaltung.

Insbesondere bei voller Berufstätigkeit und wenn ich mein Leben mit jüngeren Vierbeinern teilen möchte, rate ich zu einem Katzenpärchen. Zwar verstehen sich in den meisten Fällen in etwa gleichaltrige sowie gleichgeschlechtliche Miezen besser, allerdings geben Wesen und Charakter immer den letzten Ausschlag. Insbesondere wenn unsere Wahl auf eine Babykatze fällt, dann sollten wir zwei Kitten bei uns aufnehmen. Ein Katzenkind alleine ist arm. Für eine glückliche und gleichermaßen gesunde seelisch-geistig-körperliche Entwicklung benötigt das Katzenkind einen altersentsprechenden Kameraden. Vieles aus dem Bereich des Sozialverhaltens will erlernt und trainiert werden. Zum Beispiel wird im lebhaften Spiel mit Artgenossen gelernt, wie fest Krallen und Zähne eingesetzt werden dürfen. Wir sprechen in diesem Zusammenhang von Beißhemmung. Neben den Kleinsten der Kleinen erfreuen sich auch jugendliche und junggebliebene Miezen an einem kätzischen Spielkameraden gleichen Alters. Der alternde Vierbeiner oder der nicht mit Katzen sozialisierte Stubentiger kann ein Leben alleine mit seinen Menschen bevorzugen. Das Spielverhalten eines Katzenkindes ist anders als jenes einer älteren Samtpfote. Insbesondere junge halbstarke Kater bevorzugen wilde Kampfspiele und weniger die sozialen Spiele eines kleinen Kindes. Das kann für Kitten sehr rau und wenig vergnüglich ausfallen. In den meisten Spielformen werden im Grunde bereits Teile der späteren Jagd trainiert und eingeübt.

Wohnen wir bereits mit zwei betagten sowie in friedlicher Eintracht zusammenlebenden Katzendamen, dann bitte keinesfalls einen kleinen Kater hinzunehmen. Der kleine Wicht wächst schnell und ist bald ein kraftvoller junger Kerl, der seine Kräfte an den ältlichen Damen erprobt. Hier kommt wie bereits erwähnt hinzu, dass Kater Kampfspiele und Damen Objektspiele bevorzugen. Der junge Kater weiß nicht wohin mit seinen überschießenden Energien und die Kätzinnen sind mehr als genervt. Derartige Situationen bedeuten definitiv Stress und sollten vermieden werden. Zudem wandern Kater unter natürlichen Bedingungen in der Pubertät aus der Familie ab oder werden von den Damen vertrieben. Hierbei handelt es sich um ein sehr natürliches Verhalten, um Inzucht zu vermeiden. Mir ist vollkommen bewusst, dass kleine Kätzchen entzückend, erfrischend und verführerisch sind. Wertfrei merke ich an, dass Babykatzen manchmal als Kindersatz dienen. Zum Glück sprechen sie uns mit ihrem Kindchenschema auf dieser Ebene an. Anders wäre es traurig. Solange wir die kätzischen Bedürfnisse berücksichtigen, ist alles in bester Ordnung. Den alten Tieren allerdings sollten wir ihre wohlverdiente Ruhe gönnen und ihnen keinen einzelnen wilden kleinen Wicht vor die Nase setzen. Mit zwei Jungtieren wiederum besteht eine Chance, dass sie das Alttier in Ruhe lassen und sich miteinander beschäftigen. Wenn Sie mehr zu den Kriterien für die Zusammensetzung einer Miezengesellschaft interessiert, empfehle ich Ihnen die Lektüre meines Buchs »*Die besorgte Katze*«, in dem ich mich damit beschäftige.

Nehmen wir uns bewusst Zeit für die Lebewesen in unserer Obhut, wird dies tausendfach gedankt. Es geht um die Qualität, der gemeinsam verbrachten Zeit. Daher sollten wir erst selbst zur Ruhe gekommen sein, bevor wir uns mit unseren Vierbeinern eingehend beschäftigen und mit ihnen spielen. Denn Katzen empfangen unsere Schwingungen. Insbesondere nach einem anstrengenden Tag. Um uns selbst in eine ruhigere Schwingung zu versetzen, ist unter anderem tiefe bewusste Bauchatmung sehr förderlich. Wesentlich ist, die rechte Balance zu finden. In der Ruhe liegt immer wieder die Kraft und das sind keine leeren Worte. Unsere Tiere wissen diese Energie sehr zu schätzen. Übrigens sind Plätze, die Katzen erwählen, auch immer für uns Menschen gesunde Orte.

Ob Katzen unbedingt Paarung, Trächtigkeit, Geburt und Mutterschaft erfahren müssen, um glücklich zu sein, sei dahingestellt. Ich meine nicht. Zumindest, um unerwünschten Nachwuchs zu verhindern, tun wir gut daran, unsere Katzen kastrieren zu lassen. Kater sind allzeit bereit für eine Paarung. Die Damen stehen den Herrn nicht um vieles nach, immerhin sind sie mehrmals im Jahr paarungswillig. Generell ist die Paarungsbereitschaft unserer Hauskatzen von verschiedenen Faktoren abhängig, insbesondere von der Jahreszeit oder besser gesagt, von der Tageslichtdauer.

Der Wichtigkeit halber betone ich nochmals, dass wir bei reiner Indoor-Katzenhaltung nicht auf das regelmäßige Durchspielen ganzer Jagdsequenzen verzichten dürfen. Da Katzen gerne Strategien bei ihrer Jagd entwickeln sowie kleine Herausforderungen bei ihrer Pirsch zu schätzen wissen, wird das interaktive Beutespiel mit ihnen nie langweilig. Zugleich müssen wir berücksichtigen, dass bereits das Belauern zu der Jagd der Katze zählt. Wenn uns in diesem Punkt die Geduld fehlt, können wir viel lernen. Wir dürfen uns in Geduld, Gleichmut und Gelassenheit üben. Unsere Mieze macht es uns einmal mehr vor.

Außerdem können die meisten Katzenhalter Bücher darüber füllen, wie rasch Stubentiger eigenständig aufregende Jagdtrophäen, vom Korken bis zum Wattestäbchen, im Haushalt ausfindig zu machen verstehen. Einmal mehr bitte ich um ein gesundes Maß an Vorsicht vor Nadeln, Fäden und allem, das Katzen verschlucken können. Dies kann tödlich enden, wie mich meine Zeit an der Veterinärmedizinischen Universität lehrte. Ein simpler Wollfaden, der von unserer Samtpfote verschluckt wird, kann am Zungengrund oder einer Magenfalte hängenbleiben. Sodann wird er nicht mehr ausgeschieden und das Unglück nimmt aufgrund der normalen Magen-Darm-Peristaltik seinen Lauf. Der Speisebrei wird zwar weitertransportiert, die Darmschlingen allerdings werden infolge meist auf dem Wollfaden aufgereiht und/oder unter Umständen durchschnitten. Aus diesem Grund tun wir gut daran, nicht nur alle Schnüre, Wolle, Zwirne und ähnliches gut wegzupacken, sondern auch zu Weihnachten auf Lametta zu verzichten. Unglaublich rasch können insbesondere unsere jungen ungestümen Miezen kleinere Dinge und Fäden aller Art verschlucken.

Glückskatze Lilly

All jene, die mein Buch »*Die besorgte Katze*« gelesen haben, kennen sie bereits: Lilly, meine dreifärbige Katzenprinzessin. Lilly vermisste den Freigang nicht beziehungsweise nutzte sie diesen äußerst selten. Sie schien sich in der Wohnung und später im Haus sehr wohlzufühlen. Auch wenn Katzen kleinere Abenteuer lieben und Neugierde ihr zweiter Vorname ist, so mögen sie es zugleich überschaubar. Lilly fühlte sich offenkundig sicher in ihren vier Wänden, sicherer als in den Weiten des Gartens.

Schwerstkrank fand ich sie vor vielen Jahren in einem Wiener Park. Noch heute stelle ich mir die Frage, ob ich mit ihr oder sie mit mir glücklicher war. Eines steht fest, Lilly war eine von den ganz besonderen Samtpfoten in meinem Leben. Mit ihrem langen, überwiegend weißen, watteähnlichen Fell, ihren anmutigen Bewegungen (selbst mit ihren etwas kurzen Beinen) sowie ihrer unaufdringlichen und sanften Stimme, gepaart mit einem etwas kecken Augenaufschlag erlag jeder ihrem Charme. Lilly war durchaus selbstbewusst, hatte aber dennoch ihre kleinen Unsicherheiten. Sie wusste, was sie wollte. Selbst als ich sie schwerstkrank fand, schritt sie aufrecht auf mich zu. Damals mit einem kläglichen Miau, das um Hilfe bat. Lilly schenkte mir viele Momente der Glückseligkeit und dafür bin ich ihr noch heute unendlich dankbar. Ich behaupte, dass auch sie innere Glückseligkeit erfuhr. Dazu benötigte sie den ihr zur Verfügung stehenden Garten keineswegs. Auf Artgenossen konnte sie zudem gerne verzichten. Lilly zeichnete eine sehr innige Bindung zu auserwählten Menschen aus.

Einerseits vermittelte sie die Sanftmut in Katzengestalt, um andererseits blitzschnell zum Beutegreifer zu werden. Die mit ihren Menschen verbrachte Zeit schien für Lilly, neben ihren Beutespielen, das Wichtigste zu sein. Unter anderem lehrte mich Lilly die Kunst der Muße und der Hingabe. Die Muße verhilft uns in ihrer sanften ruhigen Schwingung, achtsam mit unseren eigenen inneren Ressourcen hauszuhalten. Die Hingabe an den gegenwärtigen Augenblick, wenn ich etwa mit ihr auf dem Sofa kuschelte, wirkte entspannend und heilsam. Ganz und gar Katze konnte sie in Selbstverteidigung auch aggressive Verhaltensweisen an den Tag legen. Das bloße Sein zu genießen, vermögen Katzen in Perfektion. Sie müssen nicht immer tun. Stundenlang aus dem Fenster zu schauen, kann ihnen große Genugtuung verschaffen.

Tier wie Mensch sind im Laufe ihres Lebens Gefühlen mit unterschiedlichen Stärkegraden ausgesetzt. Das kann durchaus anstrengend sein. Daher tut es gut, zwischendurch aus all diesen Gefühlen auszusteigen, eine Art Neutralbereich zu imaginieren sowie aufzusuchen. Wir können uns diesen als Nichts, Leere, Schwärze oder Ähnliches vorstellen. Allerdings will das geübt sein wie beispielsweise in der Meditation. Wobei bereits das Streicheln der Katze meditativen Charakter annehmen kann. Katzen scheinen von sich aus regelmäßig innere Ruheorte aufzusuchen. Da wir Menschen im Gegensatz zu unseren Miezen oft mehr in der Vergangenheit und der Zukunft denn im Jetzt leben und zudem häufig beschwerliche Rucksäcke voller Altlasten mitschleppen, bedeutet das Aufsuchen eines Neutralbereichs in uns, dass wir zwischendurch bewusst aus unseren Emotionen aussteigen und uns aus dem Wege gehen. Das ist durchaus erholsam. Zuvor aber, müssen wir bewusst unsere Emotion wahrnehmen und erst im zweiten Schritt können wir lernen, aus ihr auszusteigen. Unterdrückte, verleugnete oder verdrängte Gefühle finden über kurz oder lang ihren Niederschlag im Organismus. Wir können auch sagen, dass der Körper unsere Emotionen spiegelt. Beispielsweise können Wut und Zorn die Leber schwächen. Wir Menschen haben den Katzen voraus, dass wir immer wieder einen reflektierten Blick auf unsere Gefühlswelt werfen können. Wir vermögen uns mit etwas Training bewusst für unsere Emotionen zu entscheiden. Unterdrückte Wut kann uns durch aggressives Verhalten von Menschen und Tieren unseres Umfeldes vor Augen geführt werden. Mit der Wut ist es ähnlich wie mit Aggression. Erziehungsbedingt und häufig unbewusst glauben wir, diese Emotionen nicht fühlen und noch weniger zum Ausdruck bringen zu dürfen. Zumindest gegenüber manchen Menschen, Situationen oder weil wir weiblichen Geschlechts sind. Nicht umsonst meine ich, dass die wichtigste Reise im Leben jene zu uns selbst ist.

Weihnachtsbaum macht Mieze froh

Ob Wohnungskatze oder nicht, im kalten Winter halten sich alle Miezen gerne in der warmen Stube auf. Die Weihnachtszeit scheint nicht nur zu den Lieblingszeiten unserer Kinder, sondern auch unserer Schnurrmonster zu zählen. Unzählige amüsante Videos auf YouTube und Co machen deutlich, wie begeistert Frau und Herr Katze über den Tannenbaum mitten in ihrem Refugium sind. Ganz so, als würde der Weihnachtsbaum nur zu ihrem Vergnügen angeschafft werden. Auf jeden Fall wird das Weihnachtsfest mit Kindern und ebenso mit Stubentigern zu einem besonderen Ereignis. Spaß und Freude sollen in keinem Leben zu kurz kommen. Wie ich immer wieder gerne betone, machen es uns Kinder und Katzen vor, gegenwärtig und spontan zu sein. Das sind ausgezeichnete Voraussetzungen für ein zufriedenes, frohes Leben und dafür, um schlussendlich auch inneren Frieden und Glückseligkeit zu erlangen.

Der Spaßfaktor wird mit einem Vierbeiner zu Weihnachten eindeutig erhöht. Zumindest, so lange nicht die wertvollen Glaskugeln zu Bruch gehen oder gar der Baum zu Fall gebracht wird. Insbesondere Wohnungskatzen geraten bei diesem echten und vollkommen naturbelassenen Kletter- und Kratzbaum in blanke Verzückung. Er duftet nach Natur pur und kann doch nur für sie gedacht sein. Wäre ich eine Katze, würde ich diesen prachtvollen Baum ebenfalls auf der Stelle zu erobern versuchen. Vermutlich steigen wir Menschen mit diesem fantastischen Geschenk unendlich in der Achtung unserer Stubentiger. Die Verwirrung unserer Samtpfote muss groß sein, wenn ihr Mensch wie ein Rumpelstilzchen hüpft, springt und schreit, wenn sie den Baum erfolgreich erklommen hat und ihm fröhlich »von oben herab« in sein Antlitz blickt. »Welch eine Freude, ein echter Baum ganz für mich alleine. Ich habe eindeutig die besten Menschen der Welt«, denkt sie wohl. »Ein derart wertvolles

Präsent lässt zudem die Vermutung aufkommen, eine wahre Königin zu sein.« Da ein Weihnachtsbaum rascher in gefährliche Schieflage gerät, als man glauben möge, wird er in meiner Herkunftsfamilie zusätzlich an der Decke befestigt. Wir könnten den Tannenbaum auch auf dem Kopf stehend von der Decke baumeln lassen. Dann haben es Frau und Herr Katze etwas schwerer, diesen zu erklimmen. Allerdings nehmen wir ihnen damit viel Freude und Abwechslung in dieser vergnüglichen Zeit.

Wenn am Heiligen Abend die Geschenke ausgepackt werden und das Geschenkpapier wild durcheinanderliegt, gibt das für unsere Miezen zusätzlich einen Heidenspaß. Das Rascheln des Papiers bringt unsere Samtpfoten in Verzückung und lässt das Raubtierherz höherschlagen. Irgendwo unter den raschelnden Papierbergen könnte sich eine Maus verbergen. Indem wir eine Beuteattrappe gekonnt durch die Hügel und Täler des Papiers huschen lassen, unsere liebe Mieze diese ganz in Katzenmanier belauern und erbeuten darf, erleben unsere Stubentiger das vollkommene kätzische Weihnachtsfest. Natürlich gibt es auch jene Vierbeiner, die den weihnachtlichen Wirbel weniger zu schätzen wissen. Da sich unsere Stubentiger in derartigen Situationen gerne verziehen, ist mit einem Angebot an sicheren Rückzugs- und Ruheorten auch das kein Problem.

Eine weitere nicht zu unterschätzende Gefahrenquelle in der Weihnachtszeit bietet neben Lametta und Bindfäden unser meist reichlich gedeckter Tisch. Unter Umständen schlucken die lieben Schnurrmonster kleine gekochte Knochenbruchstücke, die mit ihren scharfen splitternden Kanten die Speiseröhre sowie den Magen-Darm-Trakt verletzen können. Gekochte Knochen dürfen ob der hohen Splittergefahr nicht als Nahrungsquelle dienen. Außerdem benötigen Katzen als echte Karnivoren einen hohen Anteil an den in Fleisch enthaltenen essenziellen Aminosäuren in ihrer täglichen Nahrung.

Lassen wir uns von unseren Katzen verzaubern und inspirieren! Lassen wir uns ein, lernen wir durch ruhige, bewusste Beobachtung von unseren Katzen, wie sie leise, anmutig, im Reinen mit sich und der Welt durch ihr Katzenleben wandern. Frei von jedem Drang nach Perfektion sammeln sie Erfahrung um Erfahrung. Die Katze lebt ganz im Jetzt und hat keine Meinung über sich. Sie ist. Samtpfoten verstehen es fürwahr, das Leben voller Muße zu genießen und in sich ruhend den Tag zu verbringen. Bis ihre Jagdleidenschaft erwacht und sie sich an einem spontanen Beutespiel mit uns erfreut. Indem wir still unseren Blick in ihr Innenleben werfen, unser Herz öffnen und Mitgefühl sowie Liebe fließen lassen, lernen wir uns selbst ein Stück weit besser kennen und werden langsam unserer wahren Natur mehr und mehr gewahr.

Freunde fürs Leben

Tiere belegen bei Menschen unterschiedliche Stellenwerte. Das ist grundsätzlich zu akzeptieren. Selbst, wenn die einzige Beziehung zu einem Tier jene als Nahrungsquelle ist. Auch wenn mir dies im Herzen wehtut, steht es mir weder zu, zu werten noch zu urteilen. Dennoch sehe ich in der veganen Lebensführung unsere Zukunft.

Freunde fürs Leben sind Katzenfreunde deshalb, weil wir mit der Übernahme einer Katze nicht nur eine wunderbare Beziehung eingehen, sondern auch eine lebenslange Verantwortung übernehmen. Dessen sollten wir uns bereits vor der Anschaffung eines befellten Gefährten gewahr sein. Wir sind für das Wohl unserer Vierbeiner in guten wie in schlechten Zeiten verantwortlich. Der Gedanke an diese Fürsorge tut etwas mit uns und unserem Gefühl für Verantwortung. Dieses Wissen war bereits als Kind tief in mir verankert. Dementsprechend befüllte ich schon als Mädchen zuerst den Futternapf sowie die Heuraufen meiner Tiere, ehe ich mich zum Frühstückstisch begab. Das musste mir niemand sagen. Bereits damals verstand ich Menschen nicht, die sich entspannt zum Essen begaben und sich erst anschließend um das Wohl ihrer Tiere kümmerten. Das Tier ist von mir abhängig und dies dürfen wir nie vergessen. Das schwächste Glied kommt immer an erster Stelle.

Warum mauserte sich die Katze zum beliebtesten Haustier in Deutschland und Österreich und überholte sogar den Hund? Was macht die Beziehung zu unseren Stubentigern besonders? Bereits zu früheren Zeiten erfreute sich der

Mensch kätzischer Gesellschaft. Dies auch ohne den Nutzen ihres Beutefangs aus ihnen ziehen zu wollen. Detlef Bluhm beschreibt in seinem Werk »Katzenspuren: Vom Weg der Katze durch die Welt« unter anderem die Katze in der Malerei des 15. und 16. Jahrhunderts. Zu dieser Zeit gewann der Stubentiger in den Wohnungen des jungen Bürgertums in den Städten an großer Beliebtheit. In der in seinem Buch aufgeführten Malerei ist die Verbindung zwischen Frau und Katze oder auch zwischen Kind und Katze auffällig. Männer werden hingegen bevorzugt mit Hunden dargestellt. Es lässt sich darüber spekulieren, ob die Damenwelt bereits zu der damaligen Zeit den lieben Samtpfoten besonders zugetan war. Zudem fanden offenbar zu späteren Zeiten Damen wie Grace Kelly, Marilyn Monroe oder Audrey Hepburn ebenfalls Gefallen an der Gesellschaft von Katzen. Wer weiß, vielleicht gibt es sie wirklich, die oft beschriebene geheimnisvolle Beziehung zwischen Katzen und Frauen.

Alsbald ließ sich auch die Männerwelt von dem gleichermaßen wilden wie sanften Wesen der Katze betören. Zumindest gibt es einige namhafte Persönlichkeiten, die ihr Leben mit einer Katze und teilweise sogar mit mehreren Katzen teilten. Sir Winston Churchill reiht sich mit seinem berühmten schwarzen Kater »Lord Nelson« hier ebenso ein wie Mark Twain mit seinem geliebten Kater »Sour Mash«. Thomas S. Eliots bekanntes Katzenbuch »Old Possums Katzenbuch«, das er in den Vierzigerjahren verfasste, wurde zu einem Standardwerk in der Literatur über Katzen. Gustav Klimt teilte häufig sein Leben gleichzeitig mit mehreren Stubentigern. Vielleicht betörte ihn die Anmut der Katzen ebenso wie jene der Damen. Es ist denkbar, dass beide sein ästhetisches Empfinden ansprachen. Andy Warhol teilte im Laufe seines Lebens sein Dasein mit insgesamt rund fünfundzwanzig Katzen. Sie alle trugen den Namen Sam. Des Weiteren sollen Jean Cocteaus »Karoo«, Matisse mit »Minouche« und »Coussi« ebenso wenig unerwähnt bleiben wie »Minou«

von Picasso. Auch die Expressionisten Ernst Ludwig Kirchner und Franz Marc waren große Katzenfreunde.

Wie wir sehen, sind es insbesondere Männer aus der Welt der Kunst und Literatur, die das Leben mit einem oder mehreren Miezen zu schätzen wussten. Künstler sind oft Freigeister und unter Umständen empfinden sie die Gesellschaft der Katze unter anderem wegen ihrer Selbstbestimmtheit und Authentizität als besonders angenehm. Ein weiterer Grund könnte ihre Annahme gewesen sein, dass sie sich ob der Eigenständigkeit der Miezen nicht regelmäßig um sie kümmern mussten. Katzen sind fürwahr selbstständige Geschöpfe und bis heute wissen freiheitsliebende Menschen diese Eigenschaft an ihnen sehr zu schätzen. Außerdem wird unser ästhetisches Empfinden von den geschmeidig weichen Bewegungen unserer Samtpfoten angesprochen.

In der Malerei des 19. Jahrhunderts finden wir wieder zahlreiche Abbildungen von Katzen. Einige Künstler spezialisierten sich sogar auf das Malen von schnurrenden Vierbeinern. Offenbar waren Gemälde mit Katzen damals in etwa so beliebt wie heute die zahllosen Katzenvideos auf YouTube, Facebook und Co. Als Katzenmaler wurden etwa Louis Wain oder Wilson Hepple bekannt. Die innige Verbundenheit zwischen Katze und Mensch wurde von Malern wie beispielsweise Félixé Vallotton oder Pierre-Auguste Renoir dargestellt. Dies ist ein kleiner Ausschnitt jener Maler, die sich in ihrem künstlerischen Ausdruck den Katzenmotiven verschrieben haben, manche ganz und manche zumindest teilweise. Wie innig damals die Bindung zwischen Katze und Mensch war, können wir nicht hundertprozentig sagen. Auf jeden Fall ist die Beziehung zwischen Felis catus und Homo sapiens, ohne einen direkten Nutzen daraus zu ziehen, keine neue Erscheinung unseres Jahrhunderts. Die Entstehung einiger Katzenrassen im 19. Jahrhundert spiegelt das wider. Unter anderen wären in England Britisch Kurzhaar (BKH) und Manx zu nennen. In den USA wurden die bis heute sehr beliebten Maine Coons gezüchtet und in Äthiopien die wunderschönen Abessinier.

Der französische Historiker, Kritiker und seines Zeichens Philosoph Hippolyte Taine (1828–1893) soll mit seiner bekannten Aussage »Ich habe die Philosophen und die Katzen studiert. Doch die Weisheit der Katzen ist letztlich um ein Weites größer« nicht unerwähnt bleiben. Wir schließen uns diesen Menschen an und räumen unseren Stubentigern jenen Platz ein, den sie verdienen: mitten in unseren Herzen.

In meiner Arbeit als Tierpsychologin begegnen mir zwar viele Herren als Katzenhalter, dennoch überwiegen die Damen. Das könnte allerdings daran liegen, dass Frauen eventuell rascher Hilfe suchen als viele Männer. In der Bindung und der Liebe zu den Miezen sind ebenso keine Unterschiede festzustellen wie im Feingefühl im Umgang mit seinen Fellpfoten. Immer wieder bin ich erfreut und fasziniert, wie intensiv sich Männer wie Frauen auf das Wesen der Katzen einlassen und wie sehr ihnen das Wohl ihrer Mieze am Herzen liegt. Dennoch kann ab und wann das Ego im Wege stehen. Beispielsweise, wenn wir manch kätzisches Verhalten sehr persönlich nehmen oder zu sehr von unseren menschlichen Eigenschaften und Wünschen auf jene unserer Miezen schließen. Die Katze, die eine Urinpfütze in unserem Bett hinterlässt, will uns zum Beispiel keineswegs bestrafen oder eine Protestattacke starten. Vielmehr ist sie im höchsten Maße verunsichert und gestresst. Unsere Katzen wissen nichts über »Richtig« oder »Falsch«. Sie verhalten sich spontan aus dem Moment heraus. Keine hinderlichen Gedankenstränge kommen ihnen in die Quere. Diese Spontaneität haben sie mit den Kindern gemeinsam und diese dürfen wir auch in uns wiederentdecken. Im bewussten Zusammenleben mit Katzen verfeinert sich zusehends unsere Intuition. Da ich immer bemüht bin, wertfrei in die Welt zu blicken, gibt es so etwas wie Fehler nicht. Wir sammeln Erfahrungen, die uns helfen zu lernen und uns laufend weiterzuentwickeln.

Der Ton macht die Musik

Das Sprichwort »Der Ton macht die Musik« gilt nicht nur bei uns Menschen, sondern auch zwischen zwei rivalisierenden Katern. Vielleicht durfte der eine oder andere bereits nächtlichen Katergesängen lauschen. Im normalen Alltagsgeschehen kommunizieren Katzen überwiegend subtil über körpersprachliches Ausdrucksverhalten, feine Mimik sowie intensiv über Duftbotschaften. Zugleich ist die reiche verbale Nuancenvielfalt unserer Miezen nicht zu unterschätzen.

Das »Miau« in seiner Bandbreite gilt zum überwiegenden Teil uns Menschen, damit wir sie endlich besser verstehen. Es ist eine Anpassungsleistung an das Leben mit dem viel verbalisierenden Homo sapiens. Denn Katzen gehen für sich allein bevorzugt leise durch das Leben. Da sie als Einzeljäger für sich selbst Sorge tragen, ist dies durchaus sinnvoll. Auch wenn sich bei Weitem nicht alle Katzen als gesellig erweisen, sind sie wie alle Säugetiere soziale und bindungsfähige Geschöpfe.

Wie bei uns Menschen, so ist auch bei den Lautäußerungen unserer befellten Freunde die Melodie wesentlich. Ob wir wollen oder nicht, wir lassen uns besonders durch ein schönes weiches melodiöses Miau – zumindest auf unbewusster Ebene – ansprechen. Den Wünschen jener Miezen mit durchdringenden Tönen kommen wir meist eiligst nach, damit sie rascher wieder verstummen. Mit anderen Worten erfassen wir die über die Melodie transportierte Mitteilung intuitiv. Klingt etwa eine Melodie ähnlich wie das herzzerreißende Weinen eines Kindes, werden Besorgnis und Mitgefühl auf den Plan gerufen. Auch in diesem

Fall sind wir bemüht, rasch etwas zu unternehmen, um dem ein Ende zu setzen. Teilweise sicher auch deshalb, um uns selbst wieder besser zu fühlen. Durchdringende Schreie gehen durch Mark und Bein und rütteln uns auf. Sie transportieren die Botschaft, dass jemand in Not geraten sein muss.

Allerdings nehmen wir die Botschaften nicht immer bewusst wahr. Manchmal spüren wir uns selbst so wenig, das Weinen unseres eigenen inneren Kindes so gering, sodass uns Schmerzensschreie im Innersten leider nur wenig berühren. Wir werden ihrer oder ihres Inhalts nicht wirklich gewahr. Das beobachtete ich bereits mehrfach. Unter anderem während meiner Tätigkeit in der Ambulanz des Tierspitals an der Veterinärmedizinischen Universität Wien. Ich erinnere mich an einen Fall, wo ein vor Schmerzen schreiender Hund eingeliefert wurde. Ich weiß nicht, was besorgniserregender und aufwühlender war. Das leidende Tier oder dass die Tierhalter die Schmerzen ihres Hundes nicht im angemessenen Maße spüren und wahrnehmen konnten. Teilweise mag dies eine Art Selbstschutz gewesen sein, zumindest will ich immer das Beste annehmen. Es waren keine bösen Menschen und sie zeigten sich durchaus um das Wohl ihres Tieres besorgt. Sonst hätten sie ihren Hund nicht zu uns gebracht. Umso weniger verstand ich, dass sie nicht spüren konnten, wie es ihrem Hund geht. Zumindest meinten sie zu der diensthabenden Tierärztin, dass die Hündin keine Schmerzen hätte. Die Hündin hatte bereits ob ihrer Lähmung einige Tage keinen Harn mehr abgesetzt. Die Blase war gefährlich gefüllt und ihre Schmerzenslaute gingen mir durch Mark und Bein, als sie eingeliefert wurde. Keinesfalls steht mir ein Urteil zu und wir sollten nie von uns auf andere schließen. Manchmal ist der um das Herz gelegte Schutzpanzer zu massiv, die abgespaltenen Anteile zu gut verstaut, als dass das Herz angemessen zu reagieren vermag. Wichtig ist, dass wir uns weiterentwickeln. Das Leben ist Bewegung und es ist nie zu spät, unsere Herzen zu öffnen sowie die Liebe fließen zu lassen.

Intuitiv reagieren wir meist angemessen auf die unterschiedlichen Nuancen und Melodien der Lautäußerungen unserer Miezen. Dementsprechend ist es für unsere Vierbeiner ein Leichtes, uns nach ihren Wünschen zu erziehen. Wir spüren die Ernsthaftigkeit der kätzischen Lautäußerungen. Natürlich sind Körpersprache, Mimik und Blicke zusätzlich aussagekräftig. Wie gesagt, sei vor schnellen Interpretationen gewarnt. Unser Verstand erfasst nur einen minimalen Ausschnitt und mit seinen beliebten Analysen sieht er gerne den Wald vor lauter Bäumen nicht. Wie stark und eindeutig kann hingegen allein ein Blick wirken! Der Satz »Wenn Blicke töten könnten« beherbergt einen wahren Kern. Bei Mensch und Tier gleichermaßen. Über die Augen, die Fenster zur Seele, übermitteln wir meistens weit ehrlichere Botschaften als über unsere Worte. Wir spüren einen vernichtenden Blick ebenso deutlich wie unsere Stubentiger.

Dies zeigt einmal mehr, dass nichts eindeutiger ist, als die fließenden Energien zwischen Lebewesen. Wenn wir uns etwa fragen, warum unser Gegenüber aggressiv auf uns reagiert, könnten wir erkennen, dass wir verdrängte Anteile von Wut, Zorn, Aggression oder gar Hass in uns tragen und verdrängen. Vor lauter »gut sein wollen«, lassen wir diese Emotionen oft nicht zu. Natürlich können wir im anderen auch etwas triggern, etwas auslösen, eine Affektbrücke hervorrufen. Wichtig ist in diesem Zusammenhang, wie wir uns fühlen. Tangiert uns die Reaktion des anderen oder lässt sie uns kalt? Wenn sie uns egal ist, dann handelt es sich einzig um die Geschichte unseres Gegenübers. Werden in uns hingegen ebenfalls heftige Emotionen ausgelöst und/oder Gedankenkarusselle angestoßen, dann gibt es auch in uns dieses Thema, das bereinigt und erlöst werden will. Manchmal sind es schlicht alte Themen, die integriert werden wollen. Wir können auch von Schatten sprechen, also gut in das Unbewusste verdrängte Anteile. Indem wir in Resonanz gehen, werden uns besagte Elemente wie auf einem Silbertablett präsentiert. Unser Gegenüber hilft uns zu erkennen. Ich bin immer wieder begeistert von dem Leben selbst und wie viele Lern- und Entwicklungschancen uns ständig geboten werden. Unendliche Hilfen werden uns zuteil, wenn wir ja dazu sagen und annehmen. Niemals geht es um Schuld oder recht haben. Wir sammeln Erfahrungen, lernen und entwickeln uns. Wir haben immer die Wahl und die Chance, zusehends unser Bewusstsein zu weiten.

Energie ist stets ehrlich und echt. Mit etwas Übung sowie der Verfeinerung unserer Spürwahrnehmung vermögen wir sie ohne Umschweife zu verstehen. Im Positiven wie im Negativen. Umso wichtiger und bereichernder ist es, sie bewusst wahrzunehmen und wenn nötig, entsprechend zu reagieren. Beispielsweise überhören wir häufig die inneren Signalglocken, die uns zuverlässig vor bestimmten Menschen oder Situationen zu warnen versuchen. Die Gründe können unter anderem in unserer Erziehung begraben liegen. Muster, Prägungen und Programmierungen sind oftmals sehr hartnäckig und schwer auszurotten. Wir können in diesen Bereichen wunderbar experimentieren, egal ob mit Mitmenschen oder mit unseren Miezen. Es liegt allein an uns und wir entscheiden, welche Gedanken wir denken und welche Emotionen wir fühlen. Jeden Tag können wir frei unsere Überzeugungen und Einstellungen wählen sowie uns verändern und neugestalten. Wir entscheiden über die Besucher in unserem Gemüt. Zudem weisen uns die lieben Katzen regelmäßig den Weg in unser Innerstes. Sie sind bemüht, uns zu lehren, besser auf uns zu achten, wie etwa vermehrt Zeit mit uns selbst zu verbringen sowie unsere feinen Sinne zu schulen.

Wie sag ich es meiner Katze?

Auch wenn meistens die Katzen uns sagen, was sie wollen, haben wir durchaus ein Mitspracherecht. Unsere Vierbeiner verfügen nicht nur über ein ausgezeichnetes Gehör, sondern fangen auch feine Schwingungen auf. Sie bevorzugen eine ruhige und eher leise Kommunikation. Ein sanftes Lächeln, ein ruhiges Ansprechen sowie eine kleine zärtliche Berührung und wir haben gute Karten, um mit Frau und Herrn Katze in einen Dialog zu treten. Katzen können wir nichts vorgaukeln. Sie spüren ehrliche Absichten. Ohne viele Worte vermögen wir direkt von Herz zu Herz zu kommunizieren. Hierbei handelt es sich um einen unverfälschten Austausch. Die Herz-zu-Herz-Kommunikation basiert auf dem Quell reiner bedingungsloser Liebe, ist frei von Missverständnissen sowie ehrlich und direkt. Auf dieser Ebene sind wir wahrhaftig. Lügen ist nicht mehr möglich. Die bedingungslose Liebe ist, wie erwähnt, ein Seinszustand und daher weder an Erwartungen noch an Vorstellungen geknüpft. Dieser innere, immerwährend sprudelnde Quell versiegt nie und ist weder mit unserem Denken noch mit unserem Verstand zu fassen.

Um auf dieser Ebene zu kommunizieren, müssen wir unsere Herzen öffnen und aktivieren. Viele von uns halten aufgrund vergangener schmerzvoller Erfahrungen, das Innere ihrer Herzen unter Verschluss. In den überwiegenden Fällen sind wir uns dessen nicht bewusst. Andere wiederum sagen klar und deutlich, dass sie nie wieder verletzt werden wollen. Leider liegen in beiden Fällen meist weit mehr Verletzung und Schmerz im Hintergrund, als uns klar ist. Finstere Erlebnisse bis hin zu Traumata haben gut verdrängt ihren sicheren Platz im Unbewussten eingenommen. Es ist Angst, die viele daran hindert, das verbannte Wissen an die Oberfläche treten zu lassen und zu Verkrustungen um das Herz geführt haben. Angst trennt und schneidet uns ab. Sie ist in diesen Fällen kein guter Berater. Betroffene sind infolge häufig wie eingefroren und fürchten unbewusst das Öffnen der verschlossenen Tore. So, als würde sich die Büchse der Pandora öffnen. Ein fester Panzer liegt um diese Herzen oder zumindest um das Innerste. Es ist tragisch, dass sich viele dessen absolut nicht bewusst sind. Sie wissen es nicht. Unsere Katzen helfen uns, verschlossene oder verkrustete Herzen zu öffnen. Indem sie uns akzeptieren, wie wir sind, weder werten noch urteilen, uns ihre Zuneigung und ihr Vertrauen auch in den dunkelsten Momenten schenken, erwacht unser Mitgefühl für ihr Sein, unser Herz öffnet sich und reine bedingungslose Liebe kann fließen. Wobei, oft genügt bereits ein Blick in ihre ausdrucksstarken Augen.

Eine echte Herzöffnung bis in die tiefsten Schichten kann vorübergehend mit Schmerz einhergehen. Schmerz, den wir gerne zu vermeiden versuchen. Die Herzöffnung ist aus vielen Gründen von zentraler Bedeutung. Vor allem, weil nur auf diesem Pfad Heilung stattfinden und Glückseligkeit erlangt werden kann. Dafür müssen zuerst alte verbannte Anteile bewusst gemacht, infolge integriert werden und erst dann können wir sie endgültig loslassen. Wenn wir uns einmal zu diesem Weg entschlossen und unsere inneren Widerstände aufgegeben haben, können wir mit ein wenig Unterstützung und Übung in diesen Prozessen recht zügig voranschreiten. Es liegt wie immer ganz bei uns.

Der menschliche Verstand sowie das Räderwerk unserer Gedankenstränge neigen zu Interpretationen. Dementsprechend rasch stülpen wir unsere menschlichen Gefühle und Vorstellungen den Vierbeinern über. Wir neigen zum Etikettieren und schubsen alles gerne in Schubladen. Da wäre beispielsweise die angeblich böse oder hinterhältige Katze, weil sie rasch ihre Krallen ausfährt oder zubeißt. Die undankbare Mieze, weil sie sich ein neues Zuhause wählt. Oder, nur weil wir nicht gerne alleine sind, heißt das noch lange nicht, dass unser alter Kater unbedingt sein Leben mit einem Artgenossen teilen möchte.

Das Leben in seiner Vielfalt geht über die Welt der Formen und Gestalten hinaus. Lassen wir uns auf neue Dimensionen der Wahrnehmung ein. Für uns und für unsere Tiere. Mit all unseren Sinnen wahrnehmen, spüren und kommunizieren lautet die Devise. In diesen feinen Nuancen der Spürwahrnehmung sind wir unserem wahren Sein weit näher als im Denken oder in unserem Verstand. Lernen wir, mit unseren Herzen zu sehen und zu hören. Im Alltagsleben ist die Kommunikation mit unseren Miezen freilich vielschichtig. Wir tauschen uns verbal, über körperliche Berührungen, mittels Blicken und sogar telepathisch aus. Unsere jeweilige Gemütslage fließt mit ein. Wir können noch so nette Worte sagen, wenn wir innerlich ärgerlich bis aggressiv gestimmt sind, wird die Katze einen Bogen um uns machen. Zudem sind wir nicht immer mit der gesamten Aufmerksamkeit bei unserer Samtpfote. Über unsere Spürwahrnehmung wird es leichter, Frau und Herrn Katze in ihrer Gesamtheit wahrzunehmen und zu fühlen, wie es ihr heute geht.

Aus alledem wird klar, dass Lautäußerungen, im Sinne einer verbalen Kommunikation, nur einen sehr kleinen Ausschnitt möglicher Verständigung darstellen. Selbstredend finden wir größere und kleinere Plaudertaschen unter unseren Schnurrmonstern. Hinzu kommen die individuellen Anpassungen an den jeweiligen Menschen. Ich bin mir sicher, dass die meisten Katzenhalter die verschiedenen Lautäußerungen ihrer Vierbeiner verstehen und die Katzen ihrer Miezengesellschaft anhand ihrer Miaus voneinander zu unterscheiden verstehen. Dies teilweise auf unbewusster Ebene. Immerhin funktionieren wir zu 95 Prozent unbewusst und leben nur zu 5 Prozent bewusst. Die Vielfalt sowie die Abstufungen der kätzischen Verbalisierungen sind nicht allein rassebedingt groß. Unsere Stubentiger haben sich ausgezeichnet an das Leben mit uns Menschen angepasst und teilen uns in unterschiedlichen Frequenzen und Nuancen ihre Wünsche mit. Will unsere Katze Zuwendung, in den Garten gelassen werden oder doch nur eine kleine Zwischenmahlzeit? Wir verstehen ihre oft sehr individuellen Sprachmuster. Ich persönlich finde das Gurren in seiner Vielfalt besonders liebenswert.

Ein Katzenhalter erzählte mir von den unterschiedlichen Miaus seines Katers, je nachdem, ob er Fleisch oder ein angewässertes Joghurt wünscht. Aber auch die nonverbal kommunizierten Wünsche der Katzen werden von uns meist verstanden. So berichtete mir eine Dame von ihrem Kater, der sich allabendlich, wenn sich alle zur Ruhe begeben, an den Beckenrand des Waschbeckens setzt und das leichte Aufdrehen des Wasserhahns wünscht. Viele Katzen trinken gerne das frische Wasser direkt aus dem Hahn. Der etwas ältere und wohlbeleibte Kater von Freunden legt sich mitten in die Küche oder direkt vor den Kühlschrank, um sanft sein Bedürfnis nach Nahrung kundzutun. Da er sehr häufig nach Nahrung verlangt und ohnedies bereits übergewichtig ist, wird seinem Wunsch nicht immer nachgekommen. Doch sogar, wenn seine Menschen über ihn steigen, bleibt er unbeeindruckt und konsequent liegen.

Es ist immer die Gesamtheit, die Kombination aus allem, die es wahrzunehmen gilt. Eben weil unsere Vierbeiner in der körpersprachlichen Kommunikation wahre Profis sind und zudem sehr sensible Sensoren für energetische Schwingungen haben, verstehen sie uns meist besser als wir sie. Hinzu kommt unsere telepathische Verbundenheit, sofern wir uns dieser gewahr werden oder sie sogar pflegen. Da unsere Gedankenkarusselle für unsere Tiere schwer zu fassen sind, kommunizieren wir telepathisch mit ihnen in Form von mit Emotionen untermalten Bildern. Obgleich jeder von uns zur Telepathie befähigt ist, geriet sie leider etwas in Vergessenheit. Sie will einzig erweckt und trainiert werden. Rupert Sheldrake, der als Direktor für Biochemie und Zellbiologie am Clare College in Cambridge tätig war, untersuchte die Telepathie bei Tieren ausführlich. Fast jeder Tierhalter wird beispielsweise ein Lied davon singen können, dass sein Stubentiger die Uhrzeit seiner Heimkunft zu wissen scheint. Im Grunde handelt es sich wieder um Energie. Bei einer innigen Bindung zwischen Mensch und Katze klappt die telepathische Kommunikation am leichtesten. Auf diesem einfachen Pfad vermögen wir unsere Mieze auf alles wie etwa bestimmte Situationen, Familienzuwachs bis hin zu einer bevorstehenden Euthanasie vorzubereiten. Umgekehrt versucht unsere Katze vielleicht, uns klar und deutlich mitzuteilen, dass ihr der neue Kater, den wir ihr vor die Nase gesetzt haben, absolut nicht zu Gesicht steht.

Sende ich eine Intention, muss diese sehr klar sein und ich muss selbst überzeugt sein. Wir dürfen uns nicht wankelmütig oder unentschlossen präsentieren, sonst wird auch das Ergebnis schwammig und nichtssagend. Unsere Katze spürt, wenn wir es mit dem Verbot, auf die Küchenanrichte oder den Tisch zu springen, nicht wirklich ernst meinen. Auch diese Einstellungen und Verhaltensweisen spiegeln unsere Katzen wider. In diesem Sinn stellen wir uns eindringlich vor und spüren, dass wir mit beiden Beinen fest auf der Erde stehen und ganz genau wissen, wie wir was wollen, aus dem Herzen heraus wollen. Alles ist Energie und Tiere spüren unser Energiefeld. Jedes Zögern wird wahrgenommen und darauf wird reagiert. Sie spiegeln uns und unser inneres Zögern. Vertrauen wir uns selbst. Spüren wir tief in uns hinein, dann wissen wir, was richtig und falsch ist. Tiefes bewusstes Bauchatmen hilft, entspannter zu sein und uns besser zu spüren. Daher ist es vor jeder Übungseinheit wie beispielsweise, wenn wir eine Katzenzusammenführung initiieren hilfreich, uns über tiefe Bauchatmung zu entspannen, uns in unsere goldene Mitte zu bringen und innerlich leerzumachen. In der Ruhe liegt wie so oft viel Kraft. Sind wir mit unseren Tieren eng verbunden, können wir auch von ihnen

Bilder empfangen. Es gibt viele Menschen, die dies tun, ohne sich dessen bewusst zu sein. Besonders rasch fangen Katzen unsere Emotionen auf. Folgende Beispiele machen die Wirkung unserer inneren Bilder gepaart mit unserer Gemütslage auf unsere Katzen deutlich.

Der Tierarztbesuch steht an. Wir bemühen uns redlich, besonders normal und ruhig zu wirken, damit unsere Mieze bloß nicht merkt, dass sie zum Tierarzt soll. Den Katzenkorb haben wir noch verstaut, damit das liebe Schnurrmonster keinen Verdacht schöpft. Jedoch, verschwunden ist sie, unsere Samtpfote. Gut versteckt, sodass wir ihrer nicht habhaft werden. Woher weiß sie, dass der Besuch beim Tierarzt geplant ist? Nun, da wir aus Sorge um unsere Katze genauso wenig gerne zum Tierarzt gehen wie sie, zeichnet sich vielleicht neben den mit unseren Emotionen untermalten Gedankenbildern des Tierarztbesuches inklusive der Fahrt, ein spezielles Energiefeld in oder um uns ab. Vielleicht sondern wir außerdem nervositätsbedingt andere Schweißpartikel ab.

Eine bevorstehende Reise wird ebenso leicht von unseren Katzen wahrgenommen. Das nicht allein, weil das Kofferpacken sowie andere Vorbereitungen zu Unruhe im Haushalt führen können. Die meisten Katzen schätzen eine längere Abwesenheit ihrer Bezugsperson sehr wenig. Insbesondere bei einer innigen Bindung wird das neugierige Gewohnheitstier Katze bei einem längeren Fernbleiben seiner Menschen rasch in Unbehagen bis hin zu deutlichem Stress versetzt.

Wie wir sehen, bedarf es, um mit Katzen erfolgreich zu kommunizieren, weit weniger als angenommen unserer guten Ohren. Eine feine Beobachtungsgabe ist hingegen sehr hilfreich, um das oft subtile Ausdrucksverhalten lesen zu können. Am wichtigsten sind und bleiben allerdings unsere ausgereifte, gut entwickelte Spürwahrnehmung sowie unsere kompetente Intuition. Die Intuition lässt sich wunderbar im Alltag trainieren.

Zuerst halten wir kurz inne und lauschen in uns hinein. Habe ich ein gutes Gefühl bei dem neuen Platz für die Fundkatze? Ist der Tierarztbesuch heute wichtig? Muss ich mich sorgen, weil meine Mieze vom Freilauf noch nicht zurück ist? Mit der ersten spontanen Eingebung liegen wir meist richtig. Anfänglich ist es eine zarte leise Stimme. Je mehr wir auf sie hören, desto kraftvoller wird sie. Die Situation kann zudem ein inneres Bild malen, sich heller, dunkler, schwerer oder leichter anfühlen.

Katzen eignen sich hervorragend, um die Spürwahrnehmung zu verfeinern. Zum Beispiel wollen einige Katzen nur wenig gestreichelt werden. Wenn wir sie bewusst streicheln werden wir schon bald ihre stillen Warnzeichen wahrnehmen und genau spüren, wann sie genug haben.

Als höchst sensitive Geschöpfe fangen die lieben Miezen unsere Emotionen sowie unsere Schwingungen auf. Schulen wir unsere feine Spürwahrnehmung, werden wir sensitiver und erhöhen unsere eigenen Schwingungen, eröffnen sich neue Welten für uns. Wir werden erfahren, wie unsagbar leise Kommunikation vonstattengehen kann. Ein wahrer Hochgenuss. Sehr einfach wird uns dies im Zusammenleben mit einem tauben Vierbeiner vor Augen geführt. Außer freilich, unsere Mieze neigt wegen der Taubheit zu vermehrtem Vokalisieren. Wir können uns weit leichter ohne sprachlichen Ausdruck austauschen, als wir glauben mögen. Geben wir einer feineren Kommunikation, die keine Messgeräte benötigt, mehr Raum! Schicken wir unseren Verstand zwischendurch zum Ausruhen auf das Sofa und unsere Gedanken Fußballspielen. Wir haben viele der tief in uns schlummernden Fähigkeiten und Begabungen vergessen. Es ist Zeit, sich zu erinnern. Unsere Katzen helfen uns dabei. Wir brauchen uns einzig und allein ganz auf sie sowie gleichermaßen auf uns einzulassen. Sehr hilfreich ist dafür das interaktive Beutespiel mit unserer Katze. Wir versenken uns in das Spiel mit ihr und alles rund um uns ist vergessen. Bereits dadurch können wir Leichtigkeit erlangen, unsere verspielte Ader sowie unsere Kreativität neu entdecken. Zum anderen wird es in uns still und nur so können wir uns selbst auf die Spur kommen. Wir schaffen im Inneren Raum, um versteckte Vorlieben, Träume, Wünsche aufsteigen zu lassen. Kommen sie aus dem Herzen, hängen sie mit unseren Potenzialen zusammen. Indem wir uns in Spiellaune bringen, sind wir dem Kind in uns näher. Sehr oft entdecken wir dort unsere ureigensten Talente und Begabungen.

In unserer schnelllebigen hektischen Zeit meinen wir oft, keine Zeit zu haben. Zeit ist allerdings eine Illusion, wie es die Quantenphysik erklärt. Nehmen wir uns bewusst Zeit für ein Zusammensein, eine Kuschel- oder eine Spielrunde mit unserem Stubentiger. Es geht um die bewusste Hinwendung, Hingabe an den gegenwärtigen Augenblick und Zuwendung bis hin zu Berührung. Lassen wir uns wieder berühren.

Da die individuellen Unterschiede bei Katzen enorm sind, der Tierhalter sowie die jeweilige Mieze ebenfalls ihre Geschichten einbringen, die Beziehungsgeflechte sowie das System, in dem alle leben, ebenfalls zu berücksichtigen sind, gleicht keine Katze-Mensch-Beziehung der anderen.

Konfliktmanagement powered by cat

Sogar dabei, wie wir Konflikte meistern, können wir einiges von unseren Katzen lernen. Außerdem fungieren sie auf diesem Gebiet nur zu oft als eine Art Spiegel für unsere gelebten zwischenmenschlichen Beziehungen. Leben wir in einer spannungsreichen Familie, haben wir oft gestresste Katzen. Herrschen Konflikte in der Partnerschaft, finden wir häufig disharmonische Katzengesellschaften vor. Bei Auseinandersetzungen zwischen den Menschen werden manche Katzen unsauber.

Alles kann, nichts muss sein. Katzen wissen, insbesondere ältere, erfahrene und die weisen unter ihnen, dass man gut daran tut, nicht die Kampfarena zu betreten. Kämpfe kosten unnötig Energie. Erfahrene und vor allem ältere Katzen bemühen sich überwiegend, ernste beschädigende Gefechte zu vermeiden. Der alte Kater etwa wird seine Auseinandersetzungen bevorzugt über ritualisiertes Imponiergehabe abwickeln und/oder generell seinem Kontrahenten aus dem Wege zu gehen versuchen sowie das Weite suchen. Tiere kennen ihre Grenzen oft besser als wir Menschen.

Kommt es zu gravierenden Kämpfen zwischen Katzen eines Haushaltes, handelt es sich meist um die Spitze des Eisberges eines bereits länger schwelenden Konflikts. Ausgenommen sind freilich Rivalenkämpfe unkastrierter Kater. Ich betone ausdrücklich, dass ich mich hierbei auf eine bereits bestehende Miezengesellschaft beziehe und keineswegs um eine Vergesellschaftung einander bis dato fremde Tiere. Alles halb so wild meinen Sie? Dem ist leider nicht so. Wieder einmal dürfen wir einen Blick hinter die Kulissen werfen. Auch unter Umständen hinter die Kulissen in uns und unserer Beziehungsgeflechte.

Katzen teilen einander viel äußerst subtil mit. Die passiv-aggressive Sprache findet großen Raum unter Katzen. Oft sind es Grabenkämpfe, die irgendwann zu einer Explosion führen, wenn das Maß voll ist. Wir Menschen wiederum kennen die in Sprache verpackte und teilweise gut versteckte Gewalt, die auch als verbale Gewalt bezeichnet wird. Leider kann auch diese sehr subtil und um nichts weniger wirkungsvoll sein. Wesentliche Fragen sind: *Wie* wird *was* kommuniziert? Der Ton macht auch in diesem Fall die Musik. Wird zwischen den Menschen überhaupt kommuniziert oder nur geredet? Vergebung ist in allen Beziehungen ein heilsames Mittel. Uns selbst ebenso wie anderen gegenüber.

Katzen einer bereits bestehenden Gemeinschaft suchen zuerst nach friedvollen Lösungen. Unverblümte Gewalt sagt ihnen im normalen Zusammenleben nicht zu. Anders eben bei den Rivalenkämpfen zwischen jungen Katern und bei einem unerwarteten Zusammentreffen einander fremder Vierbeiner insbesondere nahe des Heims erster Ordnung oder wenn eine Kätzin ihren Nachwuchs inklusive Revier verteidigt. Auch wenn wir Samtpfoten generell als diplomatische Geschöpfe bezeichnen dürfen, kann es in den genannten Beispielen durchaus ordentlich zur Sache gehen. Freilich gibt es unter Katzen jene, die sich insgesamt gerne dominanter verhalten und grundsätzlich kampffreudiger durch ihr Leben gehen. Wirklich selbstbewusste Tiere treten meistens äußerst souverän in Erscheinung. Sie haben zumindest im fortgeschrittenen Alter nicht das dringende Verlangen, ihr Gegenüber zu unterdrücken oder kleinzumachen. Wozu auch? Insbesondere bei älteren Miezen finden wir derart souveräne Tiere. Sie werden gemeinhin von den anderen Gruppenmitgliedern respektiert und haben fast nie Streit. Das können wir uns zum Vorbild nehmen. Erlangen wir ebenfalls Weisheit, dann sind Kämpfe hinfällig. Nehmen wir unsere sowie die Bedürfnisse unseres Gegenübers wahr und ernst! Immerhin geht es um das Wohl aller und nicht nur um unser eigenes.

Zum Beispiel ging mein viel geliebtes Glückskätzchen Lilly ernsteren Konflikten gerne aus dem Weg. Leider wählte sie bei Verunsicherung die Methode über ihre persönliche Duftnote. Die Harmonie hingegen suchte sie. Konflikte sind wichtig und nicht grundsätzlich als negativ zu werten. Sie helfen uns zu wachsen, uns weiterzuentwickeln und zu reifen. Wie ist für uns das Wort Konflikt belegt? Positiv oder eher negativ? Welche Emotionen mischen sich darunter? All das ist wesentlich, wie wir an einen Konflikt herantreten und wie wir mit ihm umgehen. Der Begriff »Konflikt« ist grundsätzlich ebenso neutral wie »Macht«. Was wir daraus machen gibt die Färbung.

Disharmonische Miezengesellschaften finden wir bei reiner Wohnungshaltung ebenso wie bei Katzen mit regelmäßigem Freilauf. Als wichtige Sicherheitssäule und als regulierendes sowie strukturierendes Regulativ ist in diesem Sachverhalt der Tierhalter gefordert. Die Miezen verlassen sich auf uns. Unterschätzen wir nicht unsere Einflusskraft! Bei einer innigen Bindung ist das Verhalten unserer Katzen auch in diesen Fällen nicht von uns losgelöst zu betrachten. Vergessen wir nie, dass uns die lieben Miezen den Spiegel vorhalten, wir miteinander in Resonanz treten. Liegen Unstimmigkeiten in der Katzengruppe an der Tagesordnung, sollte ich mich fragen, wie ich mich in meinen Beziehungen fühle. Es kann sich auch um jene zu Freunden oder am Arbeitsplatz handeln. Wie gehe ich mit Menschen und Konfliktsituationen um? Alles beginnt bei uns selbst und nichts ist, wie es scheint. Zudem plädiere ich vehement für ein paar Mysterien in unser aller Leben. Müssen wir immer alles wissen, verstehen oder erklären können? Ohnedies ist unser Verstand viel zu eng und klein, als dass er alles erfassen könnte. Auf tieferer Ebene »verstehen« wir und bedarf es keiner Erklärungsmodelle. Es ist ein intuitives »Verstehen«. Ein tiefes, sicheres Wissen, untermalt von Vertrauen in das Leben und seine Prozesse, auch um die Zusammenhänge. Unser guter Diener, der Verstand, vermag uns nur einen Ausschnitt zu verschaffen.

Zerrüttete Katzenfreundschaft

Manchmal bleibt mir die Arbeit mit Klientinnen und Klienten in besonders schöner Erinnerung. So auch in diesem Fall. Nicht allein der beherzte Einsatz der jungen Katzenhalterin für das Wohl ihrer beiden Stubentiger war verblüffend.

Die Freundschaft zwischen dem zweigeschlechtlichen Katzenpärchen war in große Bedrängnis geraten. Durch ein Missverständnis, das nicht mehr genau zu eruieren war, kam es zu einem Bruch in der Katzenfreundschaft. Zuvor harmonierten die beiden vortrefflich und dies wirkte sich zusätzlich sehr positiv auf die Konfliktlösung aus. Ein wesentliches Fundament für unsere gemeinsame Arbeit war zudem die vertrauensvolle wie innige Bindung zwischen Katze und Mensch.

Aufgrund des besagten Missverständnisses verhielt sich die Kätzin plötzlich aggressiv gegenüber dem Kater. Angstaggressiv. Bei bestimmten Auslösereizen, wie etwa einer zu raschen Bewegung ihres Freundes, kippte ihr Verhalten blitzschnell und aggressive Attacken folgten. Dahinter stand Angst. Eine Fehlverknüpfung war passiert. Hinzu war bei der Kätzin ein generell erhöhtes Erregungsniveau zu verzeichnen. Dementsprechend rasch war ihr Schwanz aufgeplustert. Insgesamt konnte auf eine frühere Traumatisierung geschlossen werden. Diese Geschöpfe ticken insgesamt etwas höher und bestimmte Auslösereize (Trigger) können sie rasch in alte Angst oder sogar massive Panikzustände versetzen. Keineswegs muss der Auslöser für uns Menschen logisch nachvollziehbar sein.

Weil Zerwürfnisse in einer Katzenfreundschaft sehr tief gehen können, müssen wir in vielen Fällen eine neue Freundschaft aufbauen. Obgleich das Vertrauen auch zwischen diesen beiden Schnurrmonstern mehr als angeschlagen war, vermissten sie einander deutlich. Diese beiden Katzen wollten jeweils ihren alten Freund wiederhaben. Konfliktlösung war angesagt. Insbesondere der Kater saß immer öfter hinter der Türe zum Zimmer seiner Freundin und maunzte nach ihr. Es war sein typisches Miau nach Kontaktaufnahme zu seiner Kumpanin. Seine Sehnsucht berührte mich ebenso wie das enorm tiefe Vertrauen der Kätzin zu ihrer Halterin, das sich bereits in dem innigen Blickkontakt zwischen den beiden offenbarte.

Dieser jungen Dame war klar, dass eine einzige Konsultation nicht ausreicht. Sie war bereit Zeit, Geduld und

Geld zu investieren, um ihren Samtpfoten wieder zu einem harmonischen Miteinander zu verhelfen. Sie erkannte sofort, dass es sich bei Verhalten um Prozesse handelt, die von uns nicht von einem Tag auf den anderen verändert werden können. Nicht einmal bei uns selbst schaffen wir das, wie dann bei unseren Stubentigern? Es braucht Zeit, Liebe und Geduld, um Verhalten in neue Bahnen zu lenken. Ich führte und unterstützte die drei in diesem Prozess über einige Wochen hinweg. Die Katzenhalterin setzte alle Anregungen großartig um und lernte mehr und mehr auch ihrem eigenen Gespür und ihrer Intuition zu vertrauen. Die Katzen spiegeln ohnedies sofort und zeigen, ob wir den rechten Weg beschreiten, ob wir eventuell zu rasch vorgehen oder ob sie sich anderweitig unwohl fühlen.

Nur durch die sehr aktive und beherzte Arbeit dieser jungen Dame waren rasche große Fortschritte zu verzeichnen. Berührend wie bewegend war es zu sehen, wie sich Frau Katze in unserem Training vertrauensvoll an ihrem Menschen orientierte. Dies begann bereits bei dem Gewöhnen an das Katzengeschirr, das wir, um die Kätzin zu sichern und keine Attacken zu riskieren, für ein paar Übungen benötigten. Vertrauen ist die Grundvoraussetzung für eine erfolgreiche Arbeit mit unseren Tieren. Allerdings fällt es keineswegs vom Himmel. Von nichts kommt nichts, wie es so schön heißt. Es will erworben und gepflegt werden. Wie rasch wir bei therapeutischen Maßnahmen vorgehen können, sagen uns immer die Katzen. Unsere Spürwahrnehmung wird dabei ebenso auf den Prüfstand gestellt wie unsere Hingabe und unsere Geduld.

Bereits innerhalb einiger Tage näherten sich die beiden Miezen über gemeinsame Fütterungen, gemeinsames Spiel, gemeinsame Putzeinlagen sowie simpel über entspannt gemeinsam verbrachte Zeit einander wieder an. Natürlich mussten wir auch heikle Sequenzen, wie etwa das wilde Toben auf dem Kratzbaum, durchspielen. Es ist von Fall zu

Fall verschieden, wie viele unterschiedliche Situationen an verschiedenen Orten durchgespielt werden müssen, um erfolgreich zu sein. Bei unseren Miezen war unter anderem deutlich die Toleranz bezüglich der räumlichen Distanz zwischen den Katzen wahrzunehmen. Wir näherten uns immer nur langsam an und begannen mit einigen Metern Abstand zwischen den Katzen. Das Spiel mit der Distanz war, ebenso wie das langsame schrittweise Vorgehen und das Herstellen neuer Verknüpfungen, von großer Bedeutung. Wir dürfen immer erst einen Schritt weitergehen, wenn der vorherige wirklich gut sitzt.

Das Bett war auch in unserem Fall für die Stubentiger ein besonderer Ort der Sicherheit und Geborgenheit. Dementsprechend nutzten wir es für gemeinsame Kuscheleinheiten. Aus Sicherheitsgründen wurde die Kätzin anfänglich auch in dieser Situation an einer an dem Geschirr befestigen Leine geführt. Um die Tiere nicht zu überfordern und um Fortschritte zu gewährleisten, arbeiteten wir in kurzen Sequenzen. Wesentlich ist, dass die Arbeitseinheiten mit einem guten Gefühl für die Katzen enden. Diese Emotion nehmen sie automatisch zu der nächsten Begegnung mit. Schrittweise werden die Zeiten des Zusammenseins verlängert. Um eine weitere Fehlverknüpfung (Geschirr, das die Katzendame bei den Trainingseinheiten mancher Übungen trug, mit Kater) zu verhindern, wurde die Katzendame bereits im Vorfeld an das Tragen des Geschirrs gewöhnt. Das Katzengeschirr dient nur dem Training. Aufgrund eines erhöhten Verletzungsrisikos bitte die Katze nicht mit dem Geschirr unbeaufsichtigt lassen! Die Katzenhalterin entpuppte sich im Umgang mit ihrer angeleinten Mieze als Naturtalent.

Es ist, wie es ist, die Katzen »erzählen« mir alles. Diese beiden Miezen zeigten deutlich, dass sich ihre Tierhalterin regelmäßig mit ihnen beschäftigte und mit ihnen spielte. Das erkannte ich zum Beispiel daran, dass sie im Spiel geübt und rasch zu motivieren waren.

Es war eines meiner schönsten Arbeitsfelder und ich sage ein aufrichtiges Danke. Ohne die aktive Zusammenarbeit mit dem Tierhalter kann ich nichts bewirken. Ich beobachte, nehme wahr, berate, unterstütze und begleite.

Neben dieser wunderbaren gemeinsamen Zeit durfte ich mit der Katzenhalterin einen jungen Menschen mit großartigen Potenzialen erleben. Ich hoffe von Herzen, dass sich die junge Dame ihrer Talente und Begabungen bewusst ist. Manchmal bedürfen wir einer Stärkung von außen. Oft will der Selbstwert aufgerichtet und das Vertrauen in sich selbst gestärkt werden. Das bewusste Leben mit einem Haustier kann hierbei sehr hilfreich sein.

Lernfähige Schnurrmonster?

Katzen sind sehr lernfähige Geschöpfe. Anderes zu behaupten, wäre anmaßend und unserer Miezen gegenüber unfair. Wie sonst könnten sie derart anpassungsfähig durch ihr Leben wandern? Alleine dadurch, dass unsere Katzen nicht ausgestorben sind, beweisen sie ihre Lern- und Anpassungsfähigkeit. Außerdem gibt es mittlerweile mehr Katzen als je zuvor. Spätestens, wenn wir uns mit unseren Stubentigern im Klickertraining versuchen, werden wir ihre Lernfähigkeit sowie seine Freude am Lernen nicht mehr anzweifeln. Des Weiteren bereichern neue Erfahrungen das Gehirn und infolge entwickeln sich neue Schaltkreise und Verschaltungen im Gehirn.

Die Grundlagen für ein erfolgreiches Verhaltenstraining jeder Art sind Vertrauen, die darauf aufbauende vertrauensvolle Beziehung, eine gesunde Bindung und eine für die Samtpfote klare berechenbare Kommunikation mit einer positiven Rückmeldung seiner Menschen.

In dem Training mit unserer Katze arbeiten wir immer auf mehreren Ebenen gleichzeitig. Um nachhaltiges Lernen zu gewährleisten, gehen wir in kleinen Schritten vor. Zu hastiges Voranschreiten wäre Stress und ein Scheitern ist vorprogrammiert. Erst, wenn ein Schritt gut bis am besten perfekt ausgeführt wird, gehen wir zum nächsten über.

Als nicht unwesentliches Detail am Rande wächst in der bewussten Zusammenarbeit mit den lieben Schnurrmonstern fast unmerklich unser eigenes Selbstvertrauen. Durch die positiven Rückmeldungen unserer Katze erfahren wir direkte Erfolge und lernen, uns Schritt für Schritt mehr zuzutrauen. Unsere Stubentiger lügen nicht. Um die Chance auf Erfolge nicht zu gefährden, ist es nach einem nervenaufreibenden Arbeitstag oder in allgemein schlechter Stimmungslage ratsam, das Training ausfallen zu lassen oder auf später zu verschieben. Als ersten wesentlichen Schritt sollten wir uns selbst wieder in unsere Mitte gebracht haben. Wir müssen immer daran denken, dass Lernen unentwegt stattfindet. Manch eine Trainingseinheit können wir uns wie eine Art Schachspiel vorstellen. Einmal machen wir einen Zug und dann wieder unsere Mieze.

Ob es uns nun gefällt oder nicht, bei einer innigen Bindung wirken immer die Gesetze der Resonanz und Übertragung zwischen den lieben Miezen und uns. Infolge können sich unsere Stimmungs- und Gemütslagen eins zu eins auf unsere Samtpfoten übertragen. Bedingt durch besagte enge Verbundenheit und aufgrund der gegenseitigen Resonanzverhältnisse werden wir als Tierhalter immer in die Verhaltensarbeit eingebunden.

Als allgemeine Richtschnur merken wir uns folgende Grundmethodik im Lernprozess mit unserer Mieze: Verhalten führt zu einem erwünschten Erfolg oder eben nicht. Erfolgreiches Verhalten wird fortgesetzt. Bleibt hingegen der Erfolg aus, wird es über kurz oder lang unterlassen. Da Katzen äußerst sensible sowie kluge Geschöpfe sind, ignorieren wir ab nun das von uns unerwünschte Verhalten. Somit bleibt der ersehnte Erfolg für unser Schnurrmonster aus. Parallel konzentrieren wir uns einzig auf das erwünschte Verhalten und bekräftigen dieses mit Nahrung, Zuwendung, Spiel sowie verbalem Lob. Somit führt es für die Katze und natürlich auch für uns zu Erfolg. Wie das konkret vor sich geht, sehen wir im folgenden Beispiel von Kater Charly. Wenn wir unser Augenmerk auf die von uns gewollten Verhaltensweisen lenken und folglich unterstützen, schulen wir zusätzlich unsere feine Wahrnehmung. Das für uns angenehme Gebaren unserer Mieze wird oft zu wenig bis überhaupt nicht registriert. Umso intensiver wird meist das lästige, aufdringliche oder anderweitig als störend empfundene Betragen unserer Mieze registriert. Ebenso wie jedes Lernen ein unentwegt stattfindender Prozess ist, können wir Verhalten als ein komplexes Geschehen beschreiben, das wir immer im Gesamtkontext betrachten müssen. Die ganzheitliche Betrachtung der körperlichen, emotionalen und geistigen Fähigkeiten von Frau und Herrn Katze ist für jedes Lernen fundamental. Zeit, Geduld und Liebe sind wesentliche Werkzeuge in der Verhaltensarbeit – für Sie selbst wie für Ihre Katze!

Plaudertasche Charly

Zwei rundum glücklich und zufriedenen Kater hatten alles, was ein Katzenherz begehrt. Ich würde sagen, sie standen an der Pforte zur Glückseligkeit. Eine Kleinigkeit fehlte: Charly wollte bereits um vier Uhr morgens ein Plauderstündchen mit seinen Menschen halten. Nicht unbedingt zur Begeisterung der Katzenhalter, die natürlich ihren wohlverdienten Schlaf brauchten.

Die Ursache ist rasch erläutert: Verletzungs- und schmerzbedingt war über einige Wochen hinweg der Herr des Hauses bereits um vier Uhr morgens schlaflos und nutzte die Zeit für einige Spieleinheiten inklusive Fütterung seines Katers. Eine wunderbare Uhrzeit für das dämmerungsaktive Tier Katze. Charly war begeistert und sein Mensch stieg in seiner Gunst und seinem Ansehen. Doch leider, eines schönen Morgens kam alles anders als gewohnt. Charlys Mensch wollte plötzlich nicht mehr morgens um vier Uhr spielen und einen Plausch halten. Wir dürfen fair sein, denn auch wir Menschen gewöhnen uns an die angenehmen, wohltuenden Dinge des Lebens viel rascher als an das Unangenehme und lassen diese ungern los. Wird uns das Schöne, Angenehme wieder weggenommen, folgen Enttäuschung, Verwunderung bis hin zu Protest. Katzen kennen keinen Protest, schätzen Veränderungen allerdings generell wenig. Wenn, dann nur zu ihrem Besten! Rituale geben zudem Sicherheit und machen das Leben vorhersehbar. Warum also nicht bei diesem wunderbaren und zugleich intimen Ritual bleiben?

Charly war durcheinander und veranstaltete nun allmorgendlich ein Katzenkonzert. Sehr erfolgreich möchte ich meinen. Um Charly zu befrieden und im wahrsten Sinne des Wortes ruhigzustellen, reichten ihm seine Menschen wohlmeinend einen gut mundenden Happen und plauderten ein wenig mit ihm. Alles in der stillen Hoffnung, doch noch ein wenig Schlaf zu finden, um für das Tagewerk gerüstet zu sein. Die Tage wurden jedoch aufgrund des Schlafmangels zu einer Tortur. Schlaf ist für jeden lebensnotwendig. Da Charly weiterhin sein Ziel erreichte, setzte er sein Unterfangen fort. Jede Bestätigung führte zu einer Verstärkung seines Betragens. Nicht allein Nahrung, Spiel, Berührung oder ein freundliches Wort, sondern auch unser Schimpfen kann als Zuwendung aufgefasst werden und wirkt entsprechend als Verstärker. Um diesem Mechanismus ein Ende zu bereiten, wurde die bewährte Methode, das unerwünschte Verhalten zu ignorieren und parallel dazu die erwünschte Verhaltensweise zu bekräftigen, angewandt. In Babyschritten wurde die Fütterungszeit sowie die morgendliche Zuwendung verschoben sowie ein Signal für Tagwache eingeführt (siehe im Kapitel »Ein paar Tipps und Tricks für zu Hause«). In unserem Fall wurde ein Lichtsignal benutzt, um Charly zu signalisieren, dass jetzt der Tag beginnt. Das Lichtsignal war somit unabhängig von der Uhrzeit und die alleinige Aufforderung zum Aufstehen, für Futter und Zuwendung oder Spiel. Parallel konzentrierten sich die Tierhalter ab nun auf das ruhige Gebaren ihres Katers und schenkten ihm genau dann ihre Aufmerksamkeit. Um das ständige Miauen zu löschen, wurde es von den Tierhaltern sehr konsequent ignoriert. Damit das unerwünschte Verhalten langfristig gelöscht werden konnte, war auch in diesem Fall ein sehr gutes Durchhaltevermögen der Menschen erforderlich. Immerhin kann es einige Wochen und in selteneren Fällen sogar Monate dauern.

Die Plaudertaschen unter den lieben Miezen sind einerseits sehr reizvoll und andererseits kann es, wie bei Charly, auch ein wenig zu viel des Guten werden. Sie erziehen uns oft sehr gut, unsere Miezen. Nicht immer muss es Nahrung sein, manchmal fordern sie auch schlicht unsere Aufmerksamkeit und Zuwendung ein. Dagegen ist grundsätzlich nichts einzuwenden, sollte aber dennoch auch für uns erfreulich bleiben. Wir sollten unserer Mieze immer eine Alternative zu dem für uns unliebsamen Benehmen anbieten und es nicht nur zu unterdrücken versuchen. Verhaltensweisen benötigen Zeit, um sich zu entwickeln, und ebenso bedarf es Zeit für Veränderung und Neuorientierung, bei Samtpfote und Mensch gleichermaßen. Es sind immer Prozesse. Wie bereits angesprochen, bedarf es, um ein Verhalten dauerhaft zu löschen, eines konsequenten und ausgezeichneten Durchhaltevermögens unsererseits. Vorübergehend kommt es leider fast immer zu einer Verstärkung des unerwünschten Verhaltens. Nicht nachgeben ist die Devise, dann werden wir redlich belohnt und können wieder ungestört durchschlafen.

Ein paar Tipps und Tricks für zu Hause

Bei den folgenden Empfehlungen sind bitteschön Fingerspitzengefühl und unsere feine Spürwahrnehmung gefragt. Wir haben nicht das Recht, ein Tier bewusst, zum Beispiel durch eine heftige Strafmaßnahme, in Angst und Schrecken zu versetzen. Zudem bestrafen wir überwiegend falsch und ein nachhaltiger Lernerfolg bleibt aus. Umso mehr wird die Bindung zwischen Mensch und Tier belastet bis geschädigt. Sehr wohl darf es für Frau und Herrn Katze aus heiterem Himmel ein wenig unangenehm werden.

Wie im Beispielfall Charly beschrieben, macht die Einführung eines Signals die Welt für Stubentiger vorhersehbarer. Das entspricht dem Bedürfnis nach Sicherheit und Struktur von Frau und Herrn Katze. Mithilfe eines Zeichens kann bei sehr fordernden Vierbeinern beispielsweise der Morgen und gleichermaßen der Abend in ein für alle befriedigendes Ritual eingepackt werden. Selbstverständlich ist das beschriebene Signal des Fallbeispiels Charly abwandelbar und kann den jeweiligen Bedürfnissen angepasst werden. Es kann sich um ein verbales, ein anderweitig akustisches oder auch um ein Lichtsignal handeln, das schlussendlich flexibel einsetzbar ist. Hierfür müssen wir zuerst eine Verknüpfung auf beispielsweise ein »Guten Morgen«, »Tagwache«, »Schlaf gut«, einen Glockenschlag oder ein Lichtsignal wie etwa mit einer Taschenlampe herstellen. Fällt unsere Wahl auf das Lichtsignal, um den Tag einzuleiten, muss anfänglich immer innerhalb von 1 bis 1,5 Sekunden ein Leckerli zur Bestätigung gereicht werden. Infolge bedeutet das Signal in der Früh nicht nur ein Leckerli, sondern, dass gemeinsame der Tag beginnt. Wir müssen uns zuvor immer überlegen, was wir in unsere Rituale mit unserer Mieze einbauen wollen. Immerhin soll es allen Beteiligten Freude bereiten und das Leben verschönern bis erleichtern. Im optimalsten Fall bauen wir bei Morgen- und Abendritualen bereits kleine Spielrunden ein. Damit sind wir immer auf der sicheren Seite, unsere Katzen, und hoffentlich auch uns selbst, glücklich zu machen.

- Wenn unsere Samtpfote etwa nicht auf der Küchenanrichte sitzen soll, so gestalten wir ihr diese uninteressant bis ungemütlich und machen ihr parallel ein Angebot auf dem nahegelegenen Fensterbrett oder Stuhl, das sie keinesfalls ausschlagen kann. Zudem kann etwa just in jenem Augenblick eine mit getrockneten Erbsen und für die Robusten unter ihnen mit kleinen Steinchen oder Münzen befüllte zugeschraubte Plastikflasche oder Metallbüchse zu Boden fallen, wenn unsere Mieze auf die Küchenanrichte springt oder zu springen gewillt ist. Dies muss für die Katze anonym erfolgen, sie darf das Ereignis also nicht mit uns in Verbindung bringen. Außerdem muss es sich um eine souveräne selbstsichere Samtpfote handeln und keinesfalls um ein rasch verunsichertes oder gar ängstliches Geschöpf. Bei unsicheren oder gar traumatisierten Tieren rate ich, das unerwünschte Verhalten nur zu ignorieren und über Futterbelohnung, Spiel und/oder ruhiges Ansprechen das erwünschte Verhalten zu bekräftigen. In diesem Sinn gibt es nie etwas für die Mieze Interessantes auf der Küchenanrichte. Sehr wohl aber findet sie leckere Happen auf der Kommode, dem mit einem Polster gemütlich gestalteten Stuhl oder auf dem Fensterbrett. Kleine Spieleinheiten, Düfte aus der Natur, ab und zu ein wenig Katzenminze an diesen Orten wirken zusätzlich förderlich.
Sofern es sich um einen robusten sowie gefestigten Stubentiger handelt, kann die Plastikflasche oder Metallbüchse entweder durch das Hinaufspringen hinunterfallen oder wir helfen unbemerkt nach. Anfangs muss das unerwünschte Benehmen der Katze jedes Mal für sie

unangenehme Folgen nach sich ziehen. Da Katzen sehr geräuschempfindlich sind, muss die Intensität immer an die Sensibilität oder Robustheit der Katze angepasst werden. Sie darf keine Angst erfahren! Der Zeitpunkt ist zudem wichtig. Beides entscheidet über Erfolg oder Misserfolg. Um eine direkte Verknüpfung herzustellen, muss das unangenehme Ereignis am besten zeitgleich oder innerhalb von 1 bis 1,5 Sekunden nach dem störenden Verhalten stattfinden. Diese Zeitspanne muss auch dann eingehalten werden, wenn wir das von uns ersehnte Gebaren bekräftigen. Wie etwa, wenn die liebe Mieze nicht die Küchenanrichte, sondern das Fensterbrett oder den Stuhl als Aussichtsfläche erwählt. Zu diesem Zweck wird im Vorfeld der erwünschte Platz lauschig attraktiv bis unwiderstehlich präsentiert. Außerdem muss unser Vierbeiner anfänglich immer und in weiterer Folge in unregelmäßigen Abständen und dennoch zyklisch, einen besonders schmackhaften Leckerbissen an der von uns für ihn ausgewählten Stelle vorfinden. Wenn unsere Mieze infolge dort Platz nimmt, ob zufällig oder angelockt, gibt es einen leckeren Snack, der wie von Zauberhand den Weg dorthin fand. Dadurch bestärken wir sie auf eine sehr einfache sowie unspektakuläre Weise in einem von uns erwünschten Tun. Für ein nachhaltiges Lernen ist es förderlich, dass der Snack anfänglich bei jedem Mal offeriert wird. Im nächsten Schritt wird jedes zweite Mal, jedes dritte Mal und so weiter ein kleiner Happen geboten. In weiterer Folge gibt es nur noch ab und an einen kleinen Auffrischungssnack.
Indem wir unserer Mieze eine attraktive Alternative zu der Küchenanrichte anbieten, ist sie mitten im Geschehen und dennoch ersparen wir uns Katzenhaare in der Suppe. Verbote werden von unseren Stubentigern durchaus ab und an gerne übertreten, das macht das Leben etwas abwechslungsreicher und spannender.

Als effektive Trainingsmethode hat sich auch hier das Klickertraining bewährt, wobei der Klick als Brückensignal fungiert und uns ein wenig Zeit verschafft, die eigentliche Belohnung zu reichen. »Klick« bedeutet folglich richtiges Verhalten und zugleich die Beendigung des Verhaltens. Erzwingen lässt sich nichts und ein unterwürfiges Gehabe werden wir bei Katzen lange suchen. Genau deshalb lieben wir sie, unsere Stubentiger.

- Eine weitere unangenehme Erfahrung stellt das doppelseitige Klebeband auf dem Esstisch, der Küchenanrichte oder an der Außenseite der Schlafzimmertüre dar. Wir können es sehr einfach entweder direkt oder auf einen Karton anbringen und diesen an den gewünschten Stellen befestigen. Die liebe Mieze wird den Esstisch in Zukunft wohl eher meiden und sich das morgendliche Gekratze an der Türe überlegen. Des Weiteren zählt Alufolie zu jenen Materialien, die Katzen zu meiden versuchen. Diese können wir zusätzlich mit den Düften von Zitronell-, Minz- oder Eukalyptusöl verfeinern. Katzen meiden mit ihrer feinen Nase diese Duftnoten ebenso wie Chili oder Pfeffer. Ausnahmen bestätigen die Regel. Unterbinden wir das Vergnügen des Tisches, dürfen wir Frau und Herrn Katze unbedingt andere erhöhte Positionen und Aussichtsflächen anbieten. Am besten wählen wir einen Ort, wo sich die liebe Mieze die Sonne auf den Bauch scheinen lassen kann.

Ebenso müssen wir unserem Stubentiger Alternativen zu der ab nun verbotenen Schlafzimmertüre offerieren. Einladende Kratzmöglichkeiten sind aus mehreren Gründen für das Wohl der Fellpfote dringend angezeigt. Der Katze Graffiti dienen nicht allein der Reviermarkierung. Ausgiebig schreddern zu können, hilft ihnen unter anderem Spannungen, aufgestaute Energien, Stress und Frustrationen abzubauen. Wird Miezen die Möglichkeit zu intensivem Kratzen genommen, reagieren sie ihre Emotionen gerne an einem Artgenossen ab. Ganz zu schweigen davon, dass diverse Möbelstücke zum Handkuss kommen können. Nicht zu vergessen, dass Katzen zu psychosomatischen Erkrankungen neigen, die häufig eine Folge von Stress sind. Die Wahl des Ortes der Kratzmöglichkeit ist für die Nutzung besonders relevant. Auch in diesem Punkt sind Katzen wählerisch. Am falschen Platz wie etwa in einem versteckten finsteren Winkel der Wohnung positioniert, wird die liebe Samtpfote den Kratzbaum keiner Kralle würdigen. Großen Anklang finden Kratzmöglichkeiten etwa an wichtigen Durchgängen (beispielsweise am Weg zur Futterquelle) oder nahe des Ruhe- und Schlafplatzes.

Nur wenn unsere Vierbeiner während des Tages ausreichend Möglichkeit haben, genügend Zeit mit ihren Menschen zu verbringen, ist es akzeptabel und fair, sie nachts aus dem Schlafzimmer zu verbannen. Bei voller Berufstätigkeit sollten wir Frau und Herrn Katze zumindest nachts die Gelegenheit zu körperlicher Nähe mit uns schenken. Ansonsten verbringt sie ihre überwiegende Lebenszeit alleine und dann sollten wir uns eine Katzenhaltung ernsthaft überlegen.

- Das Verweilen auf dem Sofatisch können wir der Mieze verleiden, indem wir diverse lästige Aktivitäten wie etwa Krallenschneiden oder Ohrinspektionen genau an diesem Ort durchführen. Frau und Herr Katze verknüpfen mit etwas Glück diese Unannehmlichkeiten mit dem Sofatisch und werden diesen von nun an meiden.

- Der Kaffeesatz auf der weichen Erde im Gemüsegarten, den Katzen auf ihren Pfoten alles andere denn mögen, vermiest es ihnen, das Beet als Katzenklo zu nutzen.

- Auch ist es äußerst unangenehm, unerwarteterweise in seiner eigenen Urinpfütze zu stehen, weil das Bett plötzlich mit einem Duschvorhang oder einer Alurettungsdecke abgedeckt ist. Die Ränder können zusätzlich mit Zitronell- oder Eukalyptusöl beduftet werden. Auf diese Weise kann ein Unterkriechen verhindert werden. »Na, da suchen wir doch besser die nahe gelegene sichere Katzentoilette auf«, denkt sich unser Schnurrmonster. Das phänomenale, alternativ angebotene Kloangebot ist natürlich für die Katze nicht zu übersehen. Um dauerhafte Erfolge zu erzielen, arbeiten wir immer auf mehreren Ebenen. Ansonsten werden die Vierbeiner einen neuen sicheren Ausscheidungsort suchen. Sie werden fündig, das dürfen Sie mir glauben.

- Da die meisten Katzen wasserscheu sind, meiden viele von ihnen Gebiete, wo sie eine Dusche erwartet. Die allseits beliebte Wasserspritzpistole ist mit Vorsicht zu genießen. Katzen sind äußerst intelligente Geschöpfe und wissen, dass *wir* dieses schreckliche Ding bedienen. Das kann das Vertrauen und damit die Bindung an den Menschen erschüttern. Eine anonyme Wasserspringanlage hingegen kann im Garten eine sinnvolle Angelegenheit sein, um fremde Katzen fernzuhalten. Da viele Katzen Essiggeruch meiden, können Wasserpistolen mit Essig verfeinert werden.

- Es gibt nur einen Grund, bei dem ich zu einer etwas lauteren Hilfestellung rate: die Straße vor der Türe. Dennoch lernen nur manche Katzen, Straßen zu meiden. Oft sind die Verlockungen auf der anderen Seite einfach zu groß oder sie laufen noch rasch ihrem Menschen hinterher. Die Streifgebiete enden nun einmal nicht am Ende des Gartenzaunes. Für dieses Unterfangen engagieren wir eine der Katze unbekannte Person und positionieren sie beispielsweise mit zwei Kochtopfdeckel ausgerüstet sowie gut versteckt hinter einem Busch oder Mauervorsprung. Wichtig ist es, die Kochtopfdeckel genau in jenem Moment heftig aneinander krachen lassen, wenn sich die liebe Mieze in Richtung Straße bewegt oder gar Anstalten zeigt diese zu überqueren. Wir können auch einen Motor heftig aufjaulen lassen, allerdings ist viel Fingerspitzengefühl gefordert. Unsere Vierbeiner sollen sich im rechten Maß erschrecken, jedoch keinesfalls mehr. Es darf kein Schockerlebnis sein. Das würde ebenso wenig zu einem Lernerfolg führen, wie wenn die Dosis zu geringgehalten wird. Mit anderen Worten wären diese Verfahrensweisen kontraproduktiv. Für einen nachhaltigen Lernerfolg ist es essenziell, dass die diversen Maßnahmen über einen längeren Zeitraum bei jedem einzelnen Versuch, die Straße zu überqueren oder sich ihr anzunähern, gesetzt werden. Die Berücksichtigung der oft sehr individuellen Unterschiede der Katzen sind auch in diesen Situationen eine Herausforderung.

- Mittlerweile finden wir zur Vertreibung von Katzen Ultraschallgeräte auf dem Markt. Nicht alle Katzen reagieren darauf. Insbesondere wenn Kleinkinder zugegen sind und bei sehr sensiblen Lebewesen – inklusive Menschen – rate ich davon ab.

Da all die beschriebenen kleinen Schachzüge die Samtpfoten nicht mit ihren Menschen verbinden, sie nicht in Angst und Panik versetzen, sind sie akzeptabel. Dennoch gemahne ich zur Vorsicht! Katzen sind sehr leicht zu verunsichern! Außerdem findet unter Stress sowie in Angst und Panik kaum bis kein Lernen statt. Fingerspitzengefühl ist immer wieder gefordert oder man suche sich fachkundige Unterstützung.

Trainieren wir mit unseren Vierbeinern, arbeiten wir immer auch ein wenig an uns selbst. Wir erhalten sozusagen die Möglichkeit, mehr über uns selbst zu erfahren.

Unabhängig wie eine Katze

Für Katzen ist im Grunde fast jeder Tag ein guter Tag. Am besten natürlich, wenn es zwischendurch die Möglichkeit für eine kleine Jagd gibt. Es müssen keine äußeren Großartigkeiten geschehen, damit es ein gelungener Tag ist. Wir schätzen, wenn auch manchmal unbewusst, die innere Ruhe und Gelassenheit unserer Miezen. Wir können von unseren Katzen das bloße Sein lernen.

Sie lesen ganz richtig! Wir haben in unserer schnelllebigen materialistischen Welt sowie in unserer Leistungs- und Konsumgesellschaft oft das bloße Sein verlernt. Ebenso die damit einhergehende Muße. Katzen verstehen sich perfekt auf diese Dinge und im Innersten sehnen wir uns nach diesen Seins-Qualitäten. Um sie zu erlangen, müssen wir akzeptieren lernen, dass wir einzig auf den gegenwärtigen Augenblick Einfluss nehmen können. Unsere Katzen wissen das, ohne dass es ihnen jemand erklären musste. Üben wir uns darin, in diesem Augenblick unser Bestes zu tun, ganz gegenwärtig zu sein. Gewahr zu sein. Bewusst zu sein. Weder können wir das, was war, noch das, was sein wird, beeinflussen. Das Ergebnis kommt von selbst. Wir haben nicht über alles den Überblick und müssen ihn auch nicht haben. Vertrauen ist angesagt. Wesentlich ist, diesen jetzigen Moment bewusst und mit Hingabe zu leben. Folgen wir unseren Herzen, unserem wahren Sein, dann fügen sich auch die äußeren Dinge.

Das Leben mit Katzen kann uns lehren, weniger anzuhaften und leichter loszulassen. Manche Katzen mit Freigang suchen sich beispielsweise ein neues Zuhause oder leben parallel in zwei Heimen. Katzen lassen sich von niemandem besitzen und wenn es ihnen anderenorts auch gefällt, warum sich nicht zusätzlich dort verwöhnen lassen? Das ändert nichts an der Bindung zu ihren Menschen. Daher besteht kein Anlass, ihr Verhalten persönlich zu nehmen oder sich verletzt zu fühlen. Wir müssen akzeptieren, nicht unersetzlich zu sein. Das mag hart klingen, entspricht aber der Realität. Vielleicht leben unsere Schnurrmonster bereits die bedingungslose Liebe, die einfach nur ist und frei sein will. Katzen wissen, wie sie sich ein glückliches und zufriedenes Leben schaffen. Sie spüren sich selbst sehr deutlich und das müssen einige von uns erst lernen. Dennoch verbleiben viele Katzen in Haushalten mit Disharmonien. Wer weiß, vielleicht werden sie dort besonders gebraucht. Bei massiven Unstimmigkeiten in einer Miezengesellschaft, die fast immer zu Dauerstress führen, ist manchmal die Abgabe einer Katze anzuraten. Die Erde dreht sich weiter und die liebe Mieze wird sich auch in einem neuen Heim mit liebevollen Menschen ausgezeichnet einleben.

Katzen lieben ihre Unabhängigkeit und schreiten auf eigenverantwortlichen Pfoten durch ihr Leben. Wir leben in einer Zeit, in der viele von uns Druck und Enge zu entfliehen versuchen und ausbrechen wollen. Eigenverantwortung ist angesagt! Jeder Katzenhalter weiß, dass er mit Druck oder Zwang nichts bei seiner Samtpfote erreicht. Viele Miezen lehnen es strikt ab, festgehalten zu werden. Sie wollen alles frei entscheiden dürfen. Es ist »normal«, dass Katzen nicht hochgenommen und getragen werden möchten. Wir dürfen dies respektieren und unsere Miezen akzeptieren, wie sie sind. Da sich Katzen unter anderem nicht benutzen, zwingen oder ausbeuten lassen, lehren sie uns einen respektvollen sowie achtsamen Umgang. Verhalten wir uns nicht dementsprechend, werden sie uns die Freundschaft kündigen und abwandern. Katzen können sehr konsequent sein. Sie sind wahrhaftig und auch das dürfen wir uns von ihnen abschauen.

Schnurrmonster als Spiegel unserer Seele

Da wir zu rund 95 Prozent unbewusst agieren, treffen wir die Wahl für unsere Mieze zu einem geraumen Prozentsatz unbewusst. Bruce Lipton beschreibt in dem Buch »Die intelligente Zelle«, dass wir bereits in den ersten sechs Lebensjahren programmiert werden. Zum Glück besteht die Möglichkeit einer »Umprogrammierung«. Wir können unseren Zellen ein neues Bewusstsein einhauchen. Aus alten Programmen und Mustern auszusteigen, gelingt überwiegend nicht von heute auf morgen. Hierzu ist unter anderem die Wahl unserer Gedanken, unserer Einstellungen, Überzeugungen, Gefühle, Gewohnheiten und Verhaltensweisen wichtig. Gefühle und Gedanken beeinflussen einander. In den alten Programmen können sie hartnäckig mit der Vergangenheit verbunden sein, ohne dass wir uns dessen bewusst sind. Sehr vereinfacht ausgedrückt, fungieren unsere Zellen unter anderem als Spiegel von Gedanken, Einstellungen und Emotionen. In gewisser Weise werden unsere Zellen von unserem Denken und unserem Fühlen gespeist. Indem wir mit unserer Mieze in Resonanz treten, sie mit anderen Worten als unser Spiegel fungiert, hilft sie uns in den Bewusstseinsprozessen zu erkennen, wer wir wirklich sind, und in uns aufzuräumen. Sofern wir unsere hinderlichen Widerstände aufgeben und uns im vollen Gewahrsein einlassen. Das alles ist wesentlich auf dem Pfad zur Glückseligkeit. In dem klaren, starken Gefühl, dem unerschütterlichen Wissen des All-eins-Seins begegnen wir ihr.

Vielleicht stellten Sie sich selbst bereits die Frage, warum Ihre Wahl auf just dieses eine Katzengeschöpf fiel? Oder warum Sie sich in Gesellschaft dieser einen Mieze besonders wohl, sich mit ihr fast magisch verbunden fühlen? Als wären ihre Selbst verschmolzen? Umgekehrt »finden« oft Katzen uns, laufen uns zu. War es wirklich nur Zufall, dass diese Fellnase den Weg in meine Obhut fand?

Alle nun folgenden Beispiele sind ausnahmslos frei von Wertungen oder Vorurteilen. Sie dienen einzig als Denkanstöße. Der werfe den ersten Stein, der frei von Geschichte ist. Selbstredend dürfen wir in den beschriebenen Fällen die individuellen Unterschiede unserer Vierbeiner inklusive ihrer Geschichte nicht außer Acht lassen.

- *Frage:* Katzen neigen wie viele Menschen zu einem gewissen Kontrollverhalten. Dieses kann unter Umständen einen fast zwanghaften Charakter annehmen.
  Mögliche Erklärung: Durch das Kontrollieren scheint die Welt vorhersehbarer und damit sicherer zu werden. Der Schein trügt wie so oft. Sehr häufig hält sich Angst im Hintergrund versteckt, die wir uns näher besehen sollten. Angst ist ein guter Helfer und Beschützer unserer Komfortzone, unserer Bequemlichkeit. Alles bleibt am besten, wie es ist. Bei Katzen ist dieses Verhalten leichter zu verstehen, da sie als Einzeljäger unter natürlichen Bedingungen auf sich alleine gestellt sind.

- *Frage:* Weshalb habe ich mich für den wilden Draufgänger entschieden, der seine Artgenossen attackiert und sich einen Kampf nach dem anderen liefert?
  Mögliche Erklärung: Lebt dieser wilde Katerrabauke einen von mir unterdrückten Part aus? Getraue ich mich nicht, mich zu wehren, meinem Leidensdruck Luft zu machen, aufzustehen und für meine Rechte einzusetzen? Dann tut es vielleicht dieser Kater für mich. Oder aber er lebt meine unterdrückten Anteile von Wut, Zorn und aufgestauter Aggressionen aus. Oder vielleicht will ich unangepasst wie dieser wilde Kater sein? Steckt womöglich selbstbeschädigendes Verhalten dahinter?

- *Frage:* Was sagt die Wahl über die schüchterne unsichere Mieze, die besonders meiner Unterstützung und Fürsorge bedarf über mich aus?
  Mögliche Erklärung: Will ich helfen? Oder fühle ich mich unsicher bis minderwertig? Sehne ich mich selbst nach fürsorglicher Zuwendung und bin innerlich einsam? Oder will ich womöglich Macht über dieses Geschöpf ausüben und es dominieren?

- *Frage:* Wie sehr spiegelt mich die unzugängliche, unnahbare und mit geringen sozialen Kompetenzen ausgestattete Katze in ihrem Wesen und Charakter wider? Selbst der Einzeljäger Katze benötigt soziale Kompetenzen. Fehlen diese, ist das Leben in einer Gruppe sehr beeinträchtigt.
  Mögliche Erklärung: Wie sieht es mit meinen sozialen Kompetenzen und meiner Empathie aus? Liegen vielleicht Angst oder Schmerz im Hintergrund verborgen? Vielleicht sollte ich mich vermehrt auf ein Du zubewegen. Möglicherweise lebe ich mein wahres Sein nur zum Teil und wichtige Bereiche liegen in mir brach.

- *Frage:* Was löst das armselige traumatisierte Kätzchen in mir aus? Warum spüre ich diese Mieze mir besonders nahe, als würde eine Energie in uns schwingen?
  Mögliche Erklärung: Vielleicht liegen auch in mir gut weggepackte traumatische Erfahrungen verborgen. In den meisten Fällen finden sich ähnliche Energiespuren und das kann unsere fürsorgliche Zuwendung auch heilsam für uns sein. Unter Umständen werden unser Beschützerinstinkt und ein tiefliegendes Bedürfnis zu helfen sowie uns zu kümmern auf den Plan gerufen.

- *Frage:* Was sagt mir die Mieze, die offenbar immer die Opferrolle übernimmt? Stets die »Arme« und Bemitleidenswerte ist? Nicht zu verwechseln mit jener Mieze, die um des lieben Frieden willen alles scheinbar geduldig über sich ergehen lässt. Ihr Leidensdruck wird leider zu oft äußerlich kaum sichtbar. Allerdings ist er spürbar, noch ehe er sich womöglich in einer Erkrankung manifestiert und widerspiegelt.

Mögliche Erklärung: Fühlen auch wir uns immer wieder in der Opferrolle und ist uns diese so vertraut, dass wir sie unbewusst nicht verlassen wollen? Erpressen wir andere mit unserem »Arm-Sein«? Stecken wir fest, sind wir durch alte Traumata in der Kindheit innerlich wie eingefroren, getrauen uns nicht, den Blick nach innen zu wenden und halten unser Herz verschlossen? Macht hat viele Gesichter und das vermeintliche Opfer ist manchmal sehr machtvoll. Ohne selbst zu erkennen oder das Spiel zu durchschauen.

Wohnungshaltung oder Katze mit Freigang – was sagt meine Katze über mich?

Katzen eignen sich unterschiedlich gut für eine reine Wohnungshaltung. Selbst jene Samtpfoten, die bereits Freigang erlebten, können Wohnungshaltung als durchaus angenehm wahrnehmen. Es ist immer der individuelle Einzelfall zu prüfen.

Auch nach der Art, wie wir unsere Katze halten, können wir uns verschiedene Fragen stellen, die uns vielleicht einen Zugang zu uns selbst vermitteln. Die vorgeschlagenen Antworten dazu empfehle ich als Anregung für Ihre eigene Interpretation zu verstehen.

- *Frage:* Wie komme ich bei Wohnungshaltung mit einem vermehrten Freiheitsdrang meiner Mieze zurecht? Wie gehe ich damit um? Ängstigt er mich? Versuche ich ihr

Leben in der Wohnung zu erzwingen? Oder suche ich für sie ein Zuhause mit Freigang, wenn sie mit der Wohnungshaltung nicht zurechtkommt und leidet?
Mögliche Erklärung: Nehme ich die Bedürfnisse des Beutegreifers Katze wahr? Nehme ich meine eigenen tiefsten Bedürfnisse wahr? Vielleicht erlebte ich selbst ein Leben in Enge und Druck. Das kann einerseits zu einem vermehrten, wenn auch unbewussten Bedürfnis nach Freisein, Weite und Unabhängigkeit führen. Andererseits kann uns Angst hindern.

- *Frage:* Warum lasse ich meine Mieze nicht in den Garten?
  Mögliche Erklärungen: Hinter dieser Beschränkung kann Angst vor Verlust der geliebten Samtpfote und dem damit einhergehenden Schmerz stecken. Loslassen kann ein Thema sein. Der Wunsch nach Kontrolle kann sich im Hintergrund verbergen. Kontrolle macht unsere Welt scheinbar vorhersehbarer und damit subjektiv sicherer. Dahinter steckt Angst. Das Leben fließen zu lassen und dem Leben zu vertrauen fällt oft schwer. Manche Katzen mit Freilauf entscheiden sich, ihr bisheriges Heim zu verlassen, wandern ab und/oder übersiedeln eines schönen Tages zum Nachbarn. Die Beweggründe können unter anderem eine zu hohe Katzendichte, Unstimmigkeiten in der Katzengruppe, Familienzuwachs, ein neuer Hund, Stress allgemein oder Misshandlung sein. Manchmal gefällt es ihnen anderenorts besser oder sie werden von anderen Menschen mehr gebraucht.

- *Frage:* Nehme ich das Verhalten meiner Mieze persönlich? Verletzt es mich?
  Mögliche Erklärung: Vielleicht schlummern in uns verdrängte Gefühle wie etwa der Minderwertigkeit, des

mangelnden Selbstwerts oder der Liebe nicht wert zu sein.

- *Frage:* Warum wähle ich die exotisch anmutende Katze? Einen Katzentyp, eine Rasse, die vielleicht so gut wie niemand anderer hat, ohne Rücksicht auf die speziellen Bedürfnisse des Tieres? Zählt sie womöglich zu einer Qualzucht?
Mögliche Erklärung: Vielleicht will ich endlich gesehen werden, etwas Besonderes sein oder Anerkennung erfahren. Oder verlangt mein Ego nach Nahrung?

- *Frage:* Ich fühle mich von meiner fordernden Katze genervt. Was will sie ständig von mir?
Mögliche Erklärung: Wie sieht es mit meinem Nervenkostüm aus? Bin ich rasch nervös und/oder generell angespannt? Spiegelt mir die Katze meine Gereiztheit, Genervtheit und Unzufriedenheit mir selbst oder meinen Lebensumständen gegenüber wider? Oder ist im Laufe des Tages etwas geschehen, das ich vergaß, verdrängte und das mich aus der Balance warf? Es kann ein Anruf gewesen sein. Als Kleinkind hatte ich keine andere Wahl, als zu verdrängen. Das Muster bleibt. Indem mir meine Mieze die aufgefangenen Emotionen wie auf einem Silbertablett präsentiert, macht sie mich aufmerksam, näher hinzusehen.

Unsere Katzen übernehmen unsere Emotionen

Lebensumstände können wir ändern. Das wahre Leben findet im Innersten statt. Die Wellen der Lebensumstände sind nur an der Oberfläche und berühren meinen inneren tiefen Ozean nicht. Hier herrscht Frieden.

Bei einer innigen Bindung vermögen unsere Miezen sogar jene von Medikamenten unterdrückten Emotionen von uns aufzufangen und auszuleben. Beispielsweise Angst, Aggression oder Wut, die zusätzlich häufig von uns abgelehnt werden. Wird bei uns einzig das Symptom behandelt, wird es nur unterdrückt und die Energien blockiert. Infolge können unsere Vierbeiner unsere unterdrückten Gefühle entweder direkt oder über eine Erkrankung zum Ausdruck bringen. Mit anderen Worten können unter anderem Angst oder aggressive Tendenzen unserer Katzen direkt mit uns in Zusammenhang stehen. Alles will ans Tageslicht gebracht werden, weil einzig auf diesem Pfad Heilung möglich ist.

Disharmonische Katzengruppen vermögen unter anderem auf Unstimmigkeiten, Missklänge, unterschwellige Konflikte und Spannungen innerhalb der menschlichen Systeme oder auch im Inneren eines Menschen hinzuweisen. Meistens handelt es sich auch hier wieder um Bereiche, die von uns Menschen verdrängt werden. Sehr oft um des lieben Frieden willen oder weil wir »es immer so gehandhabt haben«. Oft sind wir uns dessen nicht bewusst. Außerdem können sich die Wurzeln in der Vergangenheit finden. Des Weiteren kann sich der eigentliche Konfliktherd in der Herkunftsfamilie oder am Arbeitsplatz versteckt halten.

Wirkliche Parallelen zwischen dem Aussehen einer speziellen Katze und ihres Menschen stellte ich noch nicht fest. Ich begab mich allerdings auch nicht ernsthaft auf die Suche. Zwischen Hund und Mensch werden diese Gemeinsamkeiten rascher augenfällig. Zudem sind Rasseunterschiede zwischen Hunden sehr viel größer als jene in der Welt der Katzen.

Alles ist Energie und gleichschwingende Wellen finden sich und gehen miteinander in Resonanz. Mit anderen Worten benötigen wir genau diese Katze für unsere Entwicklung oder auch nur als Freundin, Weggefährtin und Seelentrösterin. Alles hat seinen Sinn und ist gut, wie es ist. In diesem Sinne gibt es keine Schuld. Zwischen Schwarz und Weiß liegt immer ein bunter Regenbogen. Einerseits ist alles sehr einfach und andererseits handelt es sich um äußerst komplexe Prozesse. Daher sind diese nicht mit dem bloßen Verstand zu erfassen. Wir müssen uns vielmehr größer und weiterdenken. Anders ausgedrückt müssen wir die Unbegrenztheit spüren, in der alles möglich ist. Fehler sind einzig Erfahrungen und in jedem Augenblick wird eine neue Chance geboren, etwas zu ändern. Wie gesagt laufen wir zu einem sehr großen Prozentsatz unbewusst durch unser Dasein. Der erste Schritt ist zu erkennen, bisher unbewusste Anteile an das Tageslicht zu holen und zu integrieren, loszulassen und uns neu zu programmieren. Wir sind keine Opfer. Diese Energie lässt uns ebenso im Überlebensmodus steckenbleiben wie tief schwingenden Emotionen, etwa jene der Schuld.

Wir können zu jeder Zeit neue Wege beschreiten und uns neu kreieren. Allerdings müssen wir das selbst tun. Das Außen ändert sich erst, wenn wir innerlich etwas geändert haben. Wie innen so außen.

Symbiose Katze und Mensch in Alter, Krankheit und Heilung

Für mich gibt es keinen Unterschied zwischen der Liebe zu einem Menschen und jener zu einem Tier. Wie bereits erwähnt ist Liebe ein Seinszustand, man kann sie nicht *tun*. Sie *ist* und sie ist still. Wir brauchen sie einzig zuzulassen, in uns zum Fließen zu bringen. Sie will fließen. Wenn ich von Liebe spreche, dann von der bedingungslosen Liebe, die frei von jeglicher Erwartung ist. In dieser reinen Form ist Liebe gleich Liebe. Wir Menschen haften häufig noch der bedingten Liebe an. Generell tragen wir die Neigung in uns, an Liebgewonnenem festzuhalten und anzuhaften. Das Loslassen fällt uns oft schwer.

Es mag eine Unterstellung sein, aber viele unserer Tiere sind für mich Liebe in Reinkultur. Mich berührten meine alten Vierbeiner auf eine besondere Weise. Ihr Vergehen zu spüren, stimmte mich immer wieder traurig. Das mag normal sein, kann uns allerdings die Chance nehmen und der Freude berauben, die letzten gemeinsamen Monate im irdischen Dasein zu genießen. Bewusst gemeinsam verbrachte Zeit ist umso viel wichtiger als vieles, dem wir hinterherjagen, in dieser schnelllebigen Zeit. Seien wir dankbar für die Momente der Zweisamkeit.

Gemütliche Seniorkatze

Im Durchschnitt erreichen Katzen ein Alter zwischen 15 und 20 Jahren. Bei reiner Wohnungshaltung können sie durchaus auch 20 Jahre und mehr werden. Hinzu kommt die überwiegend gute medizinische Versorgung in der heutigen Zeit. Die Ernährungslage hingegen ist oft weniger beruhigend. Zwischen zehn und zwölf Jahren beginnt das Älterwerden, wobei ich hier noch nicht von einem Senior sprechen möchte. Kleinere Leiden und Beeinträchtigungen können sich einstellen. Insgesamt lassen oft Fitness und Elastizität nach. Rascher kann es – wie bei uns Menschen – dort und da zwicken. Bewegung ist auch für die Gesunderhaltung unserer älter werdenden Mieze von großer Bedeutung. Selbst wenn betagte Stubentiger vermehrt schlafen, so bleibt der Beutegreifer in ihm hellwach.

Keinesfalls muss es immer das junge Kätzchen sein, dem wir ein Heim schenken. Eine ältere Samtpfote vermag sich um nichts weniger eng an den Menschen zu binden als sein junger Artgenosse. Das trifft insbesondere auf Vierbeiner zu, die bereits viel Leid erfahren mussten. Hier erwächst häufig eine besonders innige Verbundenheit. Sie scheinen zu wissen, dass wir ihnen geholfen haben, oder sie spüren schlicht unsere bedingungslose Liebe. Es ist ganz so, als wären sie dankbar. Sie fühlen sich angenommen, sicher und geborgen. Wer wünscht sich dies nicht? Ich glaube, auch in diesem Punkt sind Mensch und Katze sich einig. Zudem hat das Leben mit einer älteren Katze einige Vorteile zu bieten. Unter anderem helfen sie uns zu entschleunigen, weil sie ihre Tage etwas gemütlicher angehen. Die Wohnungseinrichtung bleibt eher verschont und es wurden bereits einige Manieren erlernt. Zwar benötigen auch sie Beschäftigung, aber insgesamt schlafen sie mehr als ein wilder Jungspund, der noch die Welt erobern will. Insbesondere bei voller Berufstätigkeit ist es eine verantwortungsvolle und gleichermaßen weise

Entscheidung zum Wohl der Vierbeiner, zwei ältere Miezen bei sich aufzunehmen. Um Katzenkinder müssen wir uns intensiv kümmern. Auch Halbwüchsige benötigen viel Beschäftigung und das erfordert Zeit. Natürlich ist die Zeit des gemeinsamen Lebens mit einem betagteren Schnurrmonster etwas kürzer bemessen, als wenn wir ein Jungtier bei uns aufnehmen. Das kann für den einen oder anderen belastend sein. Selbstredend erkranken auch Jungtiere, allerdings manifestieren sich Krankheiten weit häufiger im Alter.

Wenn unser geliebter Vierbeiner von Alter und Krankheit betroffen ist, fühlen wir mit und werden auf unsere körperliche Verwundbarkeit aufmerksam gemacht. Sicher ist es nicht immer leicht, dass der physische Körper vieles nicht mehr so kann wie einst. Wir müssen uns anpassen, dürfen lernen abzugeben und Hilfe anzunehmen. Das Leben freudvoll genießen, bleibt die Devise!

Angstmacher Krankheit, Leid und Schmerz – Katzen teilen unser Sorgen

Sterben ist Teil unser aller Leben auf Erden. Die meisten von uns haben Angst vor dem Tod oder zumindest vor dem Leid, das häufig mit dem Prozess des Sterbens assoziiert wird. Wir können diese Bereiche nur begrenzt verdrängen. Irgendwann klopft der Tod an jedermanns Türe. Bereits zu Lebzeiten müssen wir lernen zu sterben und dem Prozess des Sterbens beizuwohnen. Vor allem aber sollten wir die Angst vor diesen natürlichen Prozessen ablegen. Viele Menschen wachsen mit einer lebensbedrohlichen Krankheit über sich hinaus. Alles verändert sich. Nichts ist wie zuvor. Prioritäten verschieben sich.

Wir können von unseren Katzen lernen zu leben, aber auch mit Leid und Schmerz umzugehen. Sogar das Sterben können wir von Fellnasen lernen. Außerdem zwingt uns der Tod eines geliebten Gefährten zu der Auseinandersetzung mit der eigenen Vergänglichkeit sowie mit verbannten Schmerzanteilen. Innere schmerzvolle Erschütterungen geben manchmal den Weg zu unserem Innersten, zu unserem wahren Sein frei. Abgesehen davon stehen uns die lieben Miezen in schwierigen Zeiten bei. Es ist geradewegs so, als vermögen sie uns zu unserer ureigensten Kraft zu führen und Balsam auf unsere wunden Stellen zu legen.

Jeder Organismus strebt nach Gesundheit als Normalzustand. Manchmal allerdings kann das Körper-Geist-Seelen-System aus unterschiedlichen Gründen ordentlich in Schieflage geraten. Meist ist der Grund eine Kombination mehrerer Faktoren. Die Zellen selbst können bereits geschädigt sein, sodass sie die für ihre komplette Regeneration notwendigen hundert Prozent nicht aufbringen können. Auch wenn der größte Heiler in uns selbst liegt und unsere Selbstheilungskräfte stets bemüht sind, den aus dem Lot geratenen Organismus zu regulieren, so bedarf es häufig der Hilfe von außen. Es geht nie allein um die körperliche Ebene. Krankheit ist ebenso komplex wie der Mensch und unsere Katze selbst. Bei aller Prophylaxe wie etwa durch gesunde Ernährung, Bewegung und liebevolle Beziehungen können wir den Ausbruch einer Krankheit nicht immer verhindern. Dauerstress ist in diesem Zusammenhang ein nicht zu unterschätzender Faktor. Er lässt das Immunsystem gegen null fahren. Die ersten Stressbahnen werden bei Mensch und Vierbeiner bereits im Mutterleib gelegt. Zuwendung und Berührungen in der ersten Lebenszeit stellen wichtige Faktoren für die spätere Stressresistenz dar. Kurze und nicht zu heftige Stressepisoden können innerhalb eines gewissen Rahmens gesund und förderlich wirken. Traumatische Erfahrungen zeichnen ihr eigenes Bild. Hinzu kommt, dass bei einer innigen Bindung der Stubentiger für und von uns Krankheiten zu übernehmen vermag. Habe ich beispielsweise immer wieder Katzen mit Diabetes oder Nierenleiden, sollte ich auch mein eigenes gesamtes Körper-Geist-Seelen-System sowie meine Lebensweise und Lebenssituation genauer unter die Lupe nehmen.

Weder der kätzische noch der menschliche Körper sind Maschinen, bei denen wir nur Einzelteile auszutauschen brauchen. Schon allein deshalb, weil die Zellen nicht nur intelligent sind, sondern auch miteinander kommunizieren. Es findet ein ständiger Austausch zwischen den Zellen und unseren Gedanken, Einstellungen und Gefühlen statt. Daraus resultiert, dass all unsere Gedankenmuster sowie unsere Gemütslagen und Emotionen immer Einfluss auf den Körper nehmen. Demzufolge kann eine reine Symptombehandlung auf längere Sicht nicht von Erfolg gekrönt sein. Das beginnt bereits bei Schmerzen, die bei Mensch und Mieze sehr unterschiedliche Ursachen haben können. Zum Beispiel können bereits Blockaden im Energiesystem (= Meridiansystem, Meridian = Energiebahn des Körpers) unserer Katze zu Schmerzzuständen führen. Sei es nun, dass diese aus ihr selbst entspringen oder von den Menschen übernommen werden. Wir können uns eine Blockade wie einen aufgestauten Bachverlauf vorstellen. Unweigerlich werden in diesem Fall bestimmte Bereiche des Energiesystems unterversorgt. Es kommt zu einem Ungleichgewicht, das zu Schmerzen und auch Krankheit führen kann. In der traditionellen chinesischen Medizin (TCM) wird dieses alte Wissen beispielsweise in der Akupunktur und Akupressur angewandt.

Schmerzen jeder Art können sehr rasch zu aggressiv gestimmten Handlungsweisen bei Frau und Herrn Katze führen. Fast jeder kennt Zahnschmerzen und kann daher sicher leicht nachfühlen, dass es mit der guten Laune rasch vorbei ist, wenn sie auftreten. Tiere empfinden wie der Mensch Schmerzen, zeigen diese jedoch sehr unterschiedlich. Zum Beispiel darf ein Gruppentier wie das Kaninchen Schmerz nicht offen zur Schau tragen. Es würde sonst aus der Gruppe ausgestoßen werden. Katzen zeigen uns ihren Schmerz oftmals ebenfalls nicht sofort. Sie neigen dazu, sich bei Unwohlsein, Krankheit, Verletzung, Schmerz und insbesondere vor dem Sterben zurückzuziehen. Das Fell sowie der Augenausdruck geben eine klare Auskunft über das aktuelle Wohlbefinden unserer Mieze. Unwohlsein zeichnet ein struppiges, wie ungekämmt wirkendes, Haarkleid. Die Augen wirken matt und die Nickhaut (drittes Augenlid) kann teilweise das Auge abdecken. (Vorsicht: Ein Nickhautvorfall kann unterschiedliche Ursachen haben und sollte vom Tierarzt abgeklärt werden.) Außerdem verhalten sich unsere Katzen wie wir Menschen bei Schmerzen und Unwohlsein schnell gereizt. Diese Gereiztheit äußert sich unter anderem in rasch zutage tretenden aggressiven Verhaltensweisen. Daher ist insbesondere bei plötzlich auftretenden aggressiven Attacken umgehend der Tierarzt aufzusuchen. Da dieser nur eine Momentaufnahme unserer Samtpfote zu Gesicht bekommt und Katzen sich in der Ordination überwiegend anders als in ihrer vertrauten Umgebung verhalten, sind unsere Beobachtungen für eine Diagnose zusätzlich sehr wichtig.

Die genaue Ursache des Schmerzes ist bei unseren Vierbeinern nicht immer leicht auszumachen. Spätestens nach einer ersten Schmerzbehandlung in der Akutphase sollten wir, wenn irgend möglich, die Schmerzursache finden, um diese zu beheben. Auf längere Frist rate ich je nach Krankheitsbild zusätzlich oder ganz (hängt von der Diagnose ab) zu alternativen Heilmethoden wie beispielsweise Homöopathie, Akupunktur, TCM oder Osteopathie. Bei sehr starken und teilweise chronischen Schmerzen, wie sie zum Glück meist erst im Alter, nach schweren Verletzungen oder bei schweren Erkrankungen auftreten, dürfen wir uns an wirksamen Schmerzmitteln aus dem Chemielabor erfreuen. Auch unsere Katzen sollen nicht unnötig leiden. Allerdings ist immer zu bedenken, dass es keine Medikamente ohne Nebenwirkungen gibt. Alte Tiere werden vermutlich zuvor an etwas anderem als an den Folgen der Nebenwirkungen der Schmerztabletten versterben. Bei jüngeren Tieren sollte jede Tablette wohlüberlegt sein.

Übrigens: Rauchen gefährdet nicht nur unsere, sondern auch die Gesundheit unserer Katze! Passivrauchen zieht bei unseren sensiblen Fellpfoten schwere gesundheitliche Folgen nach sich. Insbesondere Lunge und Bronchien sind betroffen. Zudem sind krankhafte Veränderungen der Lymphknoten keine Seltenheit. Die Erklärung ist, dass Katzen fast doppelt so schnell atmen wie Menschen. Infolgedessen inhalieren sie mehr von dem giftigen Dunst ein als wir. Der Nikotingehalt kann bis zu dreißigmal höher sein als bei dem rauchenden Menschen selbst.

Schmerzbedingt aggressives Verhalten

Fredi und Mathilde waren ein Geschwisterpärchen von sechs Jahren. Plötzlich wollte Kater Fredi nicht mehr den Kratzbaum erklimmen. Zudem verlor er die Freude, mit seiner Schwester Mathilde wild die Stiegen hinauf und hinunter zu jagen. Dennoch waren sie ein Herz und eine Seele, bis Fredi eines schönen Tages wie aus heiterem Himmel seine Schwester wild attackierte. Die Katzenhalter waren fassungslos. Noch erstaunter waren sie, als sich die aggressiven Attacken auch gegen den Herrn des Hauses richteten. Was war bloß in Fredi gefahren? Als achtsame wie ebenso verantwortungsbewusste liebevolle Tierhalter suchten sie umgehend den nahen Tierarzt auf. Dieser konnte eine massive Druckempfindlichkeit im Wirbelsäulenbereich feststellen. Was aber war die Ursache für diese extreme Sensibilität? Nachdem die Attacken immer aggressiver, deutlich häufiger und zugleich umfangreicher auftraten, wurde ich zurate gezogen.

Aggressives Verhalten zählt grundsätzlich zu dem normalen Verhaltensrepertoire unserer Katzen. Immerhin muss ihr Selbsterhaltungstrieb als Einzeljäger stark ausgeprägt sein. Außerdem ist der Beutefänger Katze unter natürlichen Bedingungen ganz auf sich gestellt, muss sich keiner Gruppe beugen und kann als kleines Beutetier durchaus einem größeren Raubtier (beispielsweise Fuchs, Marder) zum Opfer fallen. Zum Glück gehen sie einander, wenn möglich, aus dem Weg. Da Miezen nicht Gefahr laufen, aus einer Gruppe geworfen zu werden, können sie ohne Bedenken ihre Stimmungen wie etwa Gereiztheit, frei ausleben. Haben wir am eigenen Leib bereits durch Mark und Bein gehende Schmerzen erfahren, dann werden wir gewiss sehr mitfühlend sein. Bei massiven Schmerzen laufen die ansonsten »geordneten« Energien im Körper meistens »konfus« durcheinander. Energieblockaden in bestimmten Bereichen geben den Rest. Außerdem kann der Schmerz wandern, sein Zentrum »verlegen« und in verschiedene Richtungen ausstrahlen. Dazu können sich schmerzhafte Verspannungen bis in die Tiefen der letzten Faszien gesellen. Eine komplexe Angelegenheit, die simpel unter Schmerz zusammengefasst ist. Kein Schmerz gleicht dem anderen und jeder empfindet seinen Schmerz anders. Schmerz ist sehr persönlich und die Angst vor dem Schmerz kann ihn verstärken. Daher sollten wir uns vor Urteilen hüten. Schließe nie von dir auf andere und gib Obacht vor voreiligen Schlüssen, ist die Devise.

Kater Fredi litt an Schmerzen im Wirbelsäulenbereich, und wurde in der Folge aggressiv, weil er bestimmte Orte, unbelebte Objekte und andere Lebewesen damit verknüpfte. Wir sprechen in diesem Zusammenhang von Fehlverknüpfungen. Dieses Phänomen ist bei Katzen häufig zu beobachten und kann sich hartnäckig halten. Fredi richtete seine aggressiven Attacken gegen Mathilde, den Katzenhalter und diverse unbelebte Objekte, die er mit dem Schmerz und/oder dem Schmerz auslösenden Ereignis assoziierte. Stand etwa gerade Mathilde neben Fredi, als er eine Schmerzattacke erlebte, wurde Mathilde selbst und der Ort des Geschehens zu einem Auslöser für eine aggressive Attacke. Befand sich der Mensch während einer Schmerzattacke in unmittelbarer Nähe, war auch er betroffen. Leider verselbstständigt sich dieses Phänomen und der Mensch, eine andere Katze oder ein lebloses Objekt können für sich alleinstehend zum Auslöser einer aggressiven Handlung werden. So auch bei Fredi. Demgemäß drohte und warnte Fredi, aus schierer Selbstverteidigung heraus, dem Herrn des Hauses defensiv aggressiv. Das Vertrauen zwischen Mensch und Vierbeiner wurde hart auf die Probe gestellt. Fredi war ob der Situation ebenso verwirrt wie seine Menschen und suchte unumwunden weiterhin Kontakt. Daraus waren die ursprünglich tiefe Bindung und ein starkes Band des Vertrauens zu erkennen, auf dem wir wunderbar aufbauen konnten.

Ursprünglich defensive Verhaltensstrategien können übrigens in weiterer Folge zu offensiven Attacken führen. Generell kann die Drohphase wegfallen. Ungehemmte, reflexartige und derartig heftig wirkende Angriffe sind keine Seltenheit. Dennoch bitte immer das Mitgefühl mit seiner Katze sprechen lassen! Es geht ihr keinesfalls gut und es ist kein Spaß für sie. Bei Fredi blieb diese Entwicklung aus.

Nicht nur akute, sondern auch chronische Schmerzen können sehr starke Auslöser für aggressive Verhaltensweisen sein. Katzen sind durch den Schmerz einerseits vermehrt gereizt und zugleich spüren sie ihre eigene Schwäche und Angreifbarkeit. Als Einzeljäger und Beutetier wie Raubtier gleichermaßen, könnte das unter natürlichen Bedingungen lebensbedrohlich werden. Kein Wunder also, dass Frau und Herr Katze oft bereits im Vorfeld in aggressives Verhalten wechseln, um sich zu schützen. Wer sonst als sie selbst könntet sie verteidigen? In ihrem natürlichen Lebensraum sind sie auf sich alleine gestellt. Manchmal scheint Angriff die beste Verteidigung zu sein. Unser Fredi wollte keineswegs einen

Kampf. Als kluger Kater wusste er freilich, dass jeder Kampf Energie kostet. Daher drohte und warnte er lautstark. Wurde allerdings seine kritische Distanz überschritten, musste er sich in Selbstverteidigung aggressiv verhalten. Er fühlte sich mehr als deutlich unwohl in diesen Situationen. Gleichermaßen war es für seine Schwester Mathilde eine sehr belastete Zeit. Sie schien die Welt nicht mehr zu verstehen und lebte in ständiger Flucht- und Verteidigungsbereitschaft. Spannung und Stress waren die permanenten Begleiter. Mathilde wählte ihre persönliche Selbstberuhigung und putzte sich mehr als ausgiebig. Zum Glück blieben die Putzorgien im Rahmen. Zwar war ihr Bauch bereits recht kahl, aber immer wieder wuchs ein sanfter Fellflaum nach. Blutige Stellen blieben ebenso aus wie das Extrem, sich selbst das Fell auszureißen. Daher konnten wir ihr diese persönliche Selbstberuhigungs- und Entspannungsmaßnahme zugestehen.

Die Aggression bei Katzen unterliegt sehr schnell einer instrumentellen und klassischen Konditionierung. Zudem kann sich aggressives Verhalten ausweiten, wenn die Situationen generalisiert werden. Das ist immer mit einem gewissen Leidensdruck unserer Mieze untermalt. Es geht ihr keinesfalls gut dabei, aber sie kann sich in diesem Moment nicht anders verhalten. In diesem Sinne kann alles zu einem Auslöser werden und sei es die Bewegung unserer Jacke oder ein bestimmter Geruch. Alles, das mit dem ursprünglichen Schmerz assoziiert wurde. Jede Berührung an der schmerzenden Stelle, an bestimmten Orten, von einem bestimmten Menschen führt zu weiteren Verknüpfungen. Eine äußerst komplexe Angelegenheit kann sich hieraus entwickeln.

Bei Fredi war als positiv zu werten, dass er immer Drohphasen zeigte und sich bevorzugt zurückzog, wenn man seine kritische Distanz nicht überschritt. Zumindest dem Menschen gegenüber. Bezüglich Mathilde musste der Mensch immer wieder eingreifen und splitten. Glücklicherweise konnte Fredi mit einer Kombination aus herkömmlicher Schmerztherapie im Akutstadium sowie alternativmedizinischen Methoden auf körperlicher Ebene sehr gut geholfen werden. Da die Tierhalter außerdem konsequent die verhaltenstherapeutischen Maßnahmen umsetzten, ging es Fredi und später auch Mathilde wieder relativ rasch deutlich besser.

Ein äußerst wichtiges Element bei der Arbeit mit Aggression ist die Spieltherapie. Hierbei können die Stubentiger ihre negativen sowie aufgestauten Energien und Spannungen sukzessive abbauen. Nachdem sie sich im interaktiven Spiel gezielt und geführt abreagieren konnten, sind sie deutlich entspannter. Vorausgesetzt, die Schmerzen halten sich im Rahmen. Wichtig ist, das Spiel an den gesundheitlichen Zustand anzupassen!

So auch in unserem Fall. Mit Fredi durfte keinesfalls zu wild gespielt werden. Wir mussten vielmehr sehr bewusst mit viel Ruhe und einer Art heiteren Gelassenheit mit ihm spielen. Zu rasche ruckartige Bewegungen von Fredi mussten vermieden werden. Die Tierhalter waren sehr gefordert, Fredi aufmerksam zu beobachten, damit kein unnötiger Schmerz ausgelöst wurde. Sonst wäre die Spieltherapie kontraproduktiv gewesen. Überwiegend ging es darum, über die Jagd in Fredi gute Gefühle zu erzeugen. Durch gemeinsame Spieleinlagen mit einigen Metern Abstand zwischen Fredi und Mathilde war es möglich, neue positive Assoziationen im Miteinander bei beiden Katzen herzustellen. Bereits negativ besetzte Orte wurden mit Nahrung sowie über Spieleinlagen und Klickertraining positiv neu besetzt. Zudem wurden gemeinsame Fütterungen ebenso zum Einsatz gebracht wie das gegenseitige Putzen gefördert. Für Trainingseinheiten dürfen wir besonders gut mundende Leckerbissen wählen. Kauen beruhigt und zu essen schenkt auch unseren Miezen gute Gefühle. Obgleich sich Fredi und Mathilde gelegentlich gegenseitig putzten, wurde der wichtige Gruppengeruch von den Menschen täglich aufgefrischt. Das interaktive Durchspielen ganzer Jagdsequenzen unter vier Augen, mit jeder Katze alleine, verhalf nicht nur zu einer besseren emotionalen Ausgangslage, sondern wirkte sich heilsam auf die angeschlagene Bindung zwischen Mensch und Fredi aus. Wir dürfen nie vergessen, dass sich ein »Fehlverhalten« fast immer über einen längeren Zeitraum entwickelt hat. Es handelt sich um Prozesse. Ebenso sind es Prozesse, ein neues erwünschtes Verhalten zu trainieren. Auch dies benötigt Zeit und geschieht nicht von heute auf morgen.

Glücklicherweise setzte Fredi seine aggressiven Tendenzen in weiterer Folge nicht als eine Verhaltensstrategie ein, um Aufmerksamkeit und Zuwendung zu erhalten oder um ein anderes Ziel zu erreichen. Er zeigte immer deutliches Unbehagen und eine starke Verunsicherung, wenn er sich aggressiv verhielt. Inwieweit in diesem Fall auch der Mensch an einer Wirbelsäulenproblematik litt oder vielleicht Unstimmigkeiten innerhalb des Familiensystems vorlagen, ging ich nicht auf die Spur.

Heilung – in der Tiefe unseres Selbst

Weil Samtpfoten völlig im Hier und Jetzt zu leben verstehen, tragen sie die besten Voraussetzungen für eine gesundes glückliches Leben in sich. Wir Menschen hingegen schwirren mit unseren Gedanken oft überall umher, bloß nicht im gegenwärtigen Augenblick. Eine Art Gedankenhygiene ist empfehlenswert. Hochschwingende Gefühle, gute Gedanken, ein fröhliches, offenes sowie aktiviertes Herz sowie tiefes Vertrauen sind Grundessenzen, die für Heilungsprozesse jeder Art förderlich sind. Dean Ornish, ein US-amerikanischer Herzspezialist, brachte es auf den Punkt, als er meinte, dass wahre Freude am Leben, Liebe und harmonische zwischenmenschliche Nähe mehr zur Stärkung unseres Immunsystems beitragen als jede sonstige Therapie.

Unsere Samtpfoten führen uns eine weitere wichtige Essenz für ein langes gesundes wie glückliches Leben vor Augen. Sie haben immer wieder den Dreh raus, in Ruhe sowie einer Art heiteren Gelassenheit ihre Tage zu verbringen. Gleichzeitig vermögen sie spontan Spiel und Spaß einen wertvollen Platz in ihrem Dasein einzuräumen. Ich gehe noch einen Schritt weiter und meine, dass uns das Zusammenleben mit Katzen zu einer harmonischeren inneren Schwingung verhilft. Diese stellt eine Grundvoraussetzung für dauerhafte Heilungsprozesse dar. Katzen legen sich gerne auf »Störfelder« und scheinen diese zu entstören. Insgesamt sind jene von Miezen auserwählten Plätze auch für uns förderlich. Unsere Samtpfoten verfügen über unglaublich feine Sinne und sind entsprechend sensitiv. Wir Menschen scheinen ein wenig hinterherzuhinken oder haben durch die Identifikation mit unserem Denken und dem Verstand schlicht vieles vergessen.

Wie bereits mehrfach beschrieben, können wir unsere Katzen bei einer innigen Bindung nicht losgelöst von uns betrachten. Da wir in einem permanenten gegenseitigen Austausch stehen, betreffen unsere Belange im Positiven wie im Negativen auch unsere Vierbeiner.

Warum werden wir krank? Ist Gesundheit nur die Abwesenheit von Krankheit? So schlicht die Fragen, so vielschichtig die Antworten. In jedem Fall strebt alles in uns nach Gesundheit. Der Körper startet gewiss keinen Vernichtungsfeldzug gegen uns und wenn, dann liegt wohl ein Missverständnis vor. Die Heilerin Teresa Schuhl bezeichnet Krankheit als einen Begleiter und Freund. Für die meisten Menschen jedoch bedeutet sie den Feind. Mir gefallen ihr Zugang und ihre Aussage, dass Krankheit in Wahrheit ein Hilfeschrei der Seele ist. Wenn wir den Weg verloren haben, begleitet sie uns, um in die Tiefen unseres Selbst vorzudringen. Dorthin, wo wir unsere verborgenen Anteile von Angst, Schuld, Scham und/oder Verletzung versteckt halten, die als körperliche Symptome an das Tageslicht kommen können. Wir haben über Krankheit die Chance, all dies zu erkennen, zu überwinden und loszulassen. Vielleicht übernehmen auch deshalb Katzen immer wieder Krankheiten für uns, damit wir endlich dem Hilfeschrei unserer Seele Gehör schenken.

Da wir eine Einheit aus Körper, Geist und Seele darstellen, können wie beschrieben die Ursachen einer Erkrankung mannigfaltig sein. Werden besagte Ursachen nicht behoben, allen voran unsere ureigensten veralteten Denkmuster, ist eine vollständige Heilung meist nur sehr bedingt oder gar nicht möglich. Viel zu oft werden nur Löcher gestopft oder zugedeckt, um nicht näher hinsehen und hinspüren zu müssen.

Für mich hat alles einen Sinn im Leben, auch wenn wir diesen unter Umständen erst später erkennen. Die im Folgenden angeführten Punkte dienen einzig als Denkanstoß. Ich empfehle aufkeimende Gedanken und Gefühle aufzuschreiben.

- Versetzt uns allein der Gedanke an eine Erkrankung in Angst und Schrecken?
- Wie gehen wir mit Krankheit um? Mit unserer eigenen und jener eines nahen Lebewesens? Was löst sie in uns aus?
- Haben wir das Gefühl, Krankheit wie einen Feind bekämpfen zu müssen?
- Benutzen wir eine Erkrankung zumindest unbewusst als eine Art Schutzschild?
- Verharren wir mit einer Erkrankung in der Opferrolle und wollen zumindest unbewusst Zuwendung sowie Liebe erhalten?

Sehr häufig ist der Ausbruch einer Erkrankung eine Art Hinweis, dringend etwas im Leben zu ändern. Und sei es, wie beschrieben, »nur« unsere Denkweise einer Reform zu unterziehen oder aus alten Mustern auszusteigen. Vielleicht ist es an der Zeit, achtsamer und liebevoller mit uns umzugehen. Schmerzen und Leiden sind nie sinnlos. Sind wir etwa geschwächt, fällt es uns aus purem Selbsterhaltungstrieb leichter, Nein zu sagen. Keineswegs will ich physisch gelagerte Ursachen unter den Teppich kehren. Das Wechselspiel sowie die gegenseitige Resonanz sollen nicht aus den Augen verloren werden. Dennoch beinhalten Krankheit und/oder starke Schmerzen häufig die Botschaft für uns: »Kehr um, du befindest dich nicht am rechten Pfad!« Leiden und Erkrankungen sind nur zu oft wahre Hilfeschreie unseres Geistes und unserer Seele nach Umkehr auf unserem Lebensweg. Hierzu ist es essenziell, Eigenverantwortung zu übernehmen. Bewusstseins- und Bewusstwerdungsprozesse wollen ihren Raum. Wir werden fürwahr herausgefordert. Der Weg nach innen ist unumgänglich.

Da unsere Selbstheilungskräfte durch positive, schöne wie angenehme Gefühle und Gedanken gefördert werden, konzentrieren wir am besten unsere Gedanken in Richtung Gesundheit. Alles ist Energie und wir haben die Wahl, welchen Energien wir Einlass schenken und welche wir aussenden. Die Energie folgt immer der Aufmerksamkeit. Auch deshalb wurde eine meiner Devisen, immer schön fröhlich zu bleiben. Froh zu sein bedarf es bekanntlich wenig. Reine bedingungslose Liebe ist in jedem Fall die stärkste, heilsamste sowie gleichermaßen schützendste aller Kräfte. Auch deshalb hat ehrliche liebevolle Zuwendung ebenso bereits eine heilsame Wirkung wie Berührung und Vergebung. Vergebung uns selbst und anderen gegenüber. Sie führt uns direkt zu innerem Frieden, Harmonie und Schönheit.

Da wir Körper, Geist und Seele nicht voneinander getrennt betrachten können, nimmt eines auf das andere unentwegt Einfluss. Eine ausgewogene, frische, vitalstoffreiche Ernährung kräftigt nicht allein den Körper von Mensch und Mieze, sondern wirkt sich zugleich auf das Gesamtbefinden und somit auch auf das Verhalten positiv aus. Seelische und mentale Belange spiegeln sich auch auf physischer Ebene wider. Permanente Gedanken und Gefühle, ob bewusster oder unbewusster Natur, vermögen unseren Organismus positiv wie gleichermaßen negativ zu beeinflussen. Materie ist recht träge, deshalb bleibt zudem im Gewebe alles, auch unsere seelischen Altlasten, am längsten gespeichert. Obendrein verfügt der physische Körper über ein gewisses Eigenleben und sogar über eine Art eigenes »Bewusstsein«. Dies ist äußerst hilfreich, um sich selbst zu regulieren. Da unser Leib allerdings zugleich in Resonanz mit unseren Gedanken und Gefühlen steht, benötigt er zusätzlich eine Art Input. Auch hier zeigt sich deutlich, dass Gedanken und Gefühle über uns selbst einen weit größeren Einfluss auf das »Bewusstsein« unseres Körpers haben, als wir vielleicht annehmen mögen. Obgleich wie bereits beschrieben, alles mit allem verbunden ist, erfahren wir uns oft als getrennt. Ohne auch nur eine Ahnung davon zu haben, leben viele Menschen hinter einer Art »Schleier des Vergessens« über ihre wahre Natur. Sie sind von ihrem innersten wahren Kern wie abgetrennt. Dies muss keinesfalls so bleiben. Wir selbst können in jedem Augenblick unseres Seins den Schleier lüften und aufwachen.

Beobachten Sie Ihre Katze! Ich habe den Eindruck, dass Katzen sich selbst ganz nahe sind. Sie strahlen für mich immer auch etwas Magisches und Wissendes aus. Wer weiß, vielleicht spürten die Menschen Ähnliches bereits in früheren Zeiten, als Katzen mit Hexen verbrannt wurden, weil sie unter anderem mit schwarzer Magie und Zauberei in Verbindung gebracht wurden. Papst Innozenz postulierte im Jahr 1484, dass Hexen einen Pakt mit dem Teufel eingegangen wären und fortan die Gestalt von Katzen, also ihrer Hexentiere, annehmen könnten.

Nur zu oft programmieren wir uns aus Angst vor Tod und Krankheit im wahrsten Sinne des Wortes auf Tod und Krankheit. Wer anders als wir selbst tragen die Macht in Händen über die Wahl unserer Gedanken und Gefühle? Wesentlich ist, die Opferrolle loszulassen und Eigenverantwortung zu übernehmen. Zu sehr gewöhnten wir uns daran, die Verantwortung für unser Leben und unsere Gesundheit in die Hände von »Obrigkeiten« zu legen, anstatt Eigenverantwortung für uns sowie unsere Gesunderhaltung zu übernehmen. Keineswegs aus böser Absicht. Wir sind uns der in uns schlummernden Kräfte nicht bewusst. Zugleich soll und darf Hilfe sowie Unterstützung angenommen werden. Immerhin können sich alte überholte Programmierungen äußerst zäh halten.

Manche Behandlungsweisen können wir uns als eine Art Unterstützung zur Neujustierung unseres »Körper-Geist-Seelen-Systems« vorstellen. Mit anderen Worten wird die ursprüngliche vollkommene Ordnung wiederhergestellt. Allerdings ist unsere Mitarbeit erforderlich. Wir helfen sozusagen mit, uns wieder selbst positiv zu regulieren. Bei allen Behandlungen muss im Vordergrund die Ursachenforschung liegen. Egal, ob es sich um die herkömmliche westliche Medizin, Homöopathie oder was auch immer handelt. Um an den Kern des Übels heranzukommen, müssen wir oftmals über einen längeren Zeitraum Schicht für Schicht tiefer gehen. Ich spreche von *wir*, weil wir aktiv mitarbeiten müssen. Die Unterdrückung von Symptomen wird das Krankheitsgeschehen keinesfalls aufhalten. Egal, ob es sich um rein physische oder psychische Bereiche handelt. Wird etwa Angst medikamentös (auch homöopathisch) nur unterdrückt, wird sie sich einen anderen Weg bahnen. Oder unsere Katze wird sie für uns ausleben. Zudem wird jede Form der Weiterentwicklung verhindert. Kurzfristige medikamentöse Unterstützung in Akutsituationen ist davon ausgenommen. Unsere Miezen schenken uns uneigennützig wunderbare kraftvolle und schöne Energien, die Körper, Geist und Seele streicheln. Was anderes denn als Liebe kann das sein?

Wie beschrieben übernehmen unsere Vierbeiner unsere Emotionen und diese können sich infolge auch in einem Krankheitsbild bei unserer Fellnase zeigen. Bei einer innigen Bindung halten uns die Katzen den Spiegel direkt vor die Nase. Werden allein die Folgen einer Erkrankung behandelt, kommt es einzig zu einer Verschiebung. So können wir mit einer leichten Krankheit beginnen und schlussendlich mit einer schweren enden. Wenn unser geliebter Vierbeiner für uns erkrankt und uns damit einen Spiegel vorhält, fällt es uns oft leichter hinzusehen und wahrzunehmen. Zudem werden uns oft erst dann unsere verdrängten Anteile bewusst. Aus Liebe zu unserer Mieze lassen wir uns ein und in der liebevollen Annahme können wir unsere eigenen Anteile integrieren und loslassen. Plötzlich kann es uns viel leichter fallen, uns selbst liebevoll zu begegnen und wir werden weicher, toleranter und vielleicht sogar vergebender. Zumindest werden neue Prozesse in Gang gesetzt. Heilung kann beginnen.

Obgleich unsere Zellen sehr intelligent sind, kann der beste Heiler nur bedingt Wunder vollbringen. Ich kann nicht oft genug betonen, dass unser aktiver Beitrag für unsere Heilung unerlässlich ist. Es handelt sich um eine Zusammenarbeit. Unser Anteil liegt beispielsweise in Gedankenhygiene, Stressreduktion und meistens einer Veränderung der Ernährungsweise. Bis auf die Gedankenhygiene gilt dies ebenso für unsere Miezen. Für die Indianer in Mexiko verbirgt sich Heilung unter anderem hinter einem einfachen, entspannten Wohlgefühl. Der Grund ist simpel: Die Energien sind besser! Fördern wir unsere innere Ruhe, Gelassenheit, stille Heiterkeit und generell alle hochschwingenden Emotionen wie etwa Freude oder Dankbarkeit und umgeben wir uns mit liebevollen Beziehungen sowie einem angenehm fröhlich entspannten Umfeld, tun wir automatisch viel für unsere wie für die Gesundheit unserer Mieze.

Ob der extremen Folgen sei hier nochmals Dauerstress erwähnt. Bereits in meinem Buch »*Die besorgte Katze*« wies ich auf die sehr schädliche Wirkung von chronischem Stress hin. Der amerikanische Zellbiologe Bruce Lipton beschreibt in seinem interessanten Buch »Die intelligente Zellen«, wie durch Stress kein Wachstum mehr möglich ist. Flucht oder Angriff sind die Devisen. Nichts geht mehr. Das Immunsystem stellt seine Tätigkeit vorübergehend ein. Das bietet natürlich die besten Voraussetzungen, um krank zu werden und womöglich zu bleiben. Nicht zu vergessen: Stress hat viele Gesichter und manchen erzeugen wir uns selbst.

Trauma und posttraumatische Belastungsstörung

Viele Menschen übernehmen Tiere aus dem Tierschutz, die oft lange Leidenswege hinter sich haben oder sogar schockartige Rettungsaktionen erfahren mussten. Endlich wurde auch anerkannt, dass zumindest Säugetiere als fühlende Seelenwesen an einer Posttraumatische Belastungsstörung (PTBS) leiden können.

Obgleich unsere Stubentiger weit mehr im Heute zu leben verstehen als wir und nicht von übernommenen Denkmustern beeinflusst sind, finden sich meinen Beobachtungen nach einige Parallelen in der Symptomatik zwischen Katze und Mensch. So kann sich etwa auch bei unserer Samtpfote mit einer Posttraumatischen Belastungsstörung (PTBS) ein Bild ständiger Kampf- und/oder Fluchtbereitschaft zeigen. Ihr Kontrollverhalten ist großteils als übertrieben zu bezeichnen, das generelle Erregungsniveau erscheint fast immer erhöht und eine vermehrte Schreckhaftigkeit wie Reizbarkeit ist nicht verwunderlich. Sie leben in einer Art ständigem Überlebensmodus, der Dauerstress bedeutet. Wie bei uns Menschen ist auch bei unseren Miezen das Schlafverhalten häufig beeinträchtigt. Dementsprechend kann die liebe Samtpfote meist selbst im Schlaf nicht richtig entspannen, scheint wachsam wie hellhörig zu bleiben und/oder schreckt immer wieder aus dem Schlaf auf. Insgesamt macht unsere Katze einen fast ständig angespannten Eindruck. Es ist, als wäre sie permanent auf alles gefasst. Ihre Augen können wahre Bände sprechen. Nur schwer findet unser Stubentiger den Weg zu entspannten Momenten und zu innerer Ruhe wie zu ihrer viel beschriebenen kätzischen Muße. Das Gute ist, dass wir unseren Katzen helfen können und nur zu gerne nehmen unsere Samtpfoten des Menschen liebevolle achtsame Unterstützung an.

Schlafstörungen sind bei Posttraumatischen Belastungsstörungen (PTBS) ein sehr weit verbreitetes Symptom und überwiegend leider als chronisch zu bezeichnen. Es ist schwer, vertrauensvoll loszulassen, um in den erholsamen Schlaf zu finden, wenn unbewusst ständige Wachsamkeit vor einer möglichen Gefahr gefordert ist. In diesem inneren Dauerstresszustand befinden die lieben Miezen und wir uns in einer ständigen Kampf- und/oder Fluchtbereitschaft. Wir funktionieren im reinen Überlebensmodus. Zudem kann sich eine Art Abhängigkeit von den Stresshormonen im Organismus entwickeln, ohne dass wir uns dessen bewusst sind. Die Folgen des Dauerstresszustandes sind unter anderem Erschöpfung seelischer und körperlicher Natur. Verständlicherweise benötigen bei derartigen Beeinträchtigungen Seele, Geist und Körper häufiger eine »Auszeit«, um wieder Kraft und Energie tanken zu können und um sich zu zentrieren oder am besten neu zu justieren. Herz und Gehirn stehen auch bei diesen Prozessen in gegenseitigem Austausch. Nicht umsonst wirken sich positive Gedanken und Emotionen sowie eine positive innere Haltung harmonisierend auf unseren Herzrhythmus aus. Um Heilung eine Chance zu geben, benötigen wir die höherschwingenden Emotionen wie etwa Freude, Liebe oder Dankbarkeit. Wir können sie uns hervorzaubern, indem wir uns auf schöne Erinnerungen mit unserer Katze besinnen. Unserer traumatisierten Mieze verhelfen wir etwa durch interaktive Beutespiele zu Gefühlen der Freude und des Glücks. Für Mensch sowie für Frau und Herrn Katze sind besonders nach einem Trauma, einem Schock oder einer emotional schwer belasteten Situation Maßnahmen zur Entspannung sowie Ruhezeiten essentiell.

Da ein rasch erhöhtes Erregungsniveau ebenso eine wichtige Anpassung darstellt wie das intensive Ruhebedürfnis, dürfen wir unseren traumatisierten Miezen ein insgesamt sehr aufregungsfreies und ruhiges Leben gönnen. Es ist ein noch sanfterer leiserer Umgang sowie ein ausgesprochen entspanntes harmonisches Umfeld erforderlich, um den Miezen zu mehr Lebensqualität zu verhelfen. Die passenden Rahmenbedingungen sind von uns zu schaffen. Mit Neuerungen umzugehen, fällt ihnen noch ein Stück weit schwerer und daher sind Veränderungen sachte durchzuführen. Traumatisierte Samtpfoten brauchen noch mehr Struktur, Organisation, Rituale sowie Rückzugsorte, um sich sicher fühlen zu können. Großteils sind sie zudem anhänglicher und benötigen uns Menschen vermehrt als wichtige Sicherheitsoption. Für wie lange wird sich weisen. Eine Partnerkatze kann therapeutisch wirken oder aber eine Belastung darstellen. Einige der besagten Samtpfoten fühlen sich im Zusammenleben mit ihren Menschen geborgener und sicherer als mit einem Artgenossen. Immerhin bilden Miezen zu uns Menschen eine innigere Freundschaft aus als zu ihren Artgenossen. Auf den Punkt gebracht sind traumatisierte Stubentiger ein wenig »anders« und meist bedürftiger. Aber was ist schon »normal«? Auf jeden Fall fördern sie in besonderem Maße unser Einfühlungsvermögen, unser Mitgefühl sowie unsere Fähigkeit zur Fürsorge. Wenn wir bei unserer Katze Fortschritte durch unsere Unterstützung erkennen und ihr Vertrauen spüren, stärkt das unseren Selbstwert. Zudem könnten sie auf versteckte traumatische Erfahrungen in uns hinweisen. Neben der Verbesserung der Lebensqualität für traumatisierte Miezen sind unser Verständnis, unser Respekt sowie unser Mitgefühl für Katzen, die aufgrund grauenhafter Erfahrungen schlicht ein wenig anders ticken, unerlässlich. Und diese Gefühle aufzubringen, ist das, was auch uns als Menschen weiterbringt.

Nach einem Trauma oder einem massiven Schockerlebnis entwickelt sich keineswegs zwingend eine posttraumatische Belastungsstörung. Durchaus kann die Erregungslage nach traumatischen Schockerlebnissen wieder auf ein normales Maß absinken. Falls wir daher einmal direkt Zeugen eines derartigen Traumas werden, ist es wichtig, so rasch wie möglich dafür zu sorgen, dass unser Vierbeiner wieder zur Ruhe kommt und zumindest ein gewisses Maß an Entspannung eintreten kann. Dies ist allein deshalb notwendig, damit die körpereigenen Erholungsprozesse und spontanen Heilungskräfte ihre Wirkung entfalten können. Bleibt die Erregung auf einem zu hohen Niveau werden unnötig Kraftreserven verbraucht und unweigerlich folgt ein Erschöpfungszustand. Ein Teufelskreis kann entstehen und dieser ist, insbesondere wenn er über einen längeren Zeitraum andauert, schwer zu unterbrechen.

Wenn wir in uns ruhen, sie in ihrem Sosein erwartungsfrei und voller Liebe annehmen, sind wir automatisch eine immense Unterstützung für unsere Vierbeiner. Und dies wirkt ebenfalls wieder auf uns zurück. Tiere scheinen mir manchmal die weiseren Geschöpfe auf Erden zu sein. Sie leben bereits in der Liebe. Wie sonst könnte ein Vogel solch schöne Lieder trällern, wenn nicht aus Liebe? Hier meine ich die allumfassende bedingungslose Liebe, die einfach nur ist. Diese ist nicht mit jener von uns immer noch oft gelebten bedingten Liebe zu verwechseln. Es mag nach einer großen Herausforderung aussehen, ohne jegliche Erwartung und Vorstellung einfach »nur« zu lieben und zu sein. In Wahrheit ist es einfach. Wir gehen in das Vertrauen, lassen zu, und uns in vollem Bewusstsein ein. Als kleiner Nebeneffekt rücken wir Schritt für Schritt der Glückseligkeit näher.

»Berti« in Panik – oder: die Kunst loszulassen

Berti war der Kater von Freunden. Da seine Mutter früh verstarb, wurde er als Einzelkätzchen übernommen und mit der Hand aufgezogen. Nicht die besten Voraussetzungen für eine rundum gesunde Entwicklung. Bertis Abhängigkeit und Über-Anhänglichkeit von seiner menschlichen »Ersatz-Mutter« war offenkundig. Unter anderem bedeuteten Veränderungen jeglicher Art für ihn massiven Stress.

Eines Tages kam es zu einem sehr heftigen Zusammenstoß mit einem älteren und vor allem um vieles kräftigeren Kater aus demselben Haushalt. Berti wurde überraschend im Keller attackiert und erlitt einen schweren Schock. Seine Analbeutel entleerten sich, wie es bei massiver Angst, Panik und/oder in lebensbedrohlichen Situationen typisch ist.

Bei dieser Entleerung handelt es sich keineswegs um einen willentlichen Akt. Die äußerst aromatische Duftnote vermittelt den Artgenossen eine hochgradige Stresssituation bis hin zu direkter Lebensbedrohung. Manchmal reagieren Stubentiger aggressiv auf Mitbewohner mit verstopften Analbeuteln. Treten daher plötzlich aggressive Tendenzen gegen ein Mitglied der Miezengesellschaft auf, sollten wir nicht nur die sich aggressiv verhaltende Katze, sondern auch jenen von den Gruppenmitgliedern attackierten Vierbeiner vom Tierarzt untersuchen lassen.

Traumatische Erfahrungen wie der »Überfall« auf Berti hinterlassen auch bei Katzen ihre Spuren. Mit einer anderen seelischen Grundausstattung hätte Berti unter Umständen besser mit dem Erlebnis umgehen können. Spekulationen sind allerdings fehl am Platz. Wichtig ist es immer, den Vierbeiner in Liebe anzunehmen und im Hier und Jetzt abzuholen.

Infolge litt Berti an einer posttraumatischen Belastungsstörung (PTBS). Nichts war wie zuvor. Mittlerweile wissen wir, dass es im Zuge dieser Störungen bei Menschen zu gehirnphysiologischen Veränderungen kommen kann. Warum sollte es bei unseren Tieren anders sein? Auch wenn Menschen nach wie vor Tiere dort und da brutal ausbeuten, so ist es längst kein Geheimnis mehr, dass sie fühlen wie wir.

Leider musste Berti weiterhin mit diesem Kater unter einem Dach leben. Da besagter Kater sein Verhalten Berti gegenüber erst im höheren Alter änderte, war Berti immer wieder retraumatisierenden Erfahrungen ausgesetzt. Nach einer Rückzugsphase zeigte Berti unter anderem immer öfter explosiv angstaggressives Verhalten gegenüber seinem Angreifer, umgerichtet aggressives Verhalten gegen jeden, der des Weges kam. Massives »Fellreißen«, vegetative Übererregbarkeit, ständige Wachsamkeit, Aufschrecken aus dem Schlaf waren häufig und außerdem zog er sich in regelmäßigen Abständen sehr in sich zurück. In diesen Phasen war er einerseits kaum ansprechbar und andererseits wieder das kleine Kätzchen, das viel Liebe und Zuwendung von seiner »Ersatzmutter« benötigte. Sein Verhalten kippte oft von einer Sekunde zur anderen. Er schien in einem unaufhörlichen inneren Spannungszustand sowie Zwiespalt zu leben.

Auch wenn uns das Loslassen und die Trennung schmerzen mögen, so ist es bisweilen zum Wohl der Katze angezeigt, ein neues Zuhause mit der Aussicht auf ein stressfreies, harmonisches und glückliches Katzenleben zu suchen. Wenn wir aufrichtig lieben, wünschen wir uns das Beste für das von uns geliebte Geschöpf. Erleben wir es glücklich und zufrieden, sind auch wir mit Freude erfüllt. Als Tierhalter tragen wir die volle Verantwortung für das Wohl unseres vierbeinigen Gefährten. Die liebe Mieze ist gänzlich von unserem guten Willen abhängig. In Wahrheit ist sie uns sogar ausgeliefert. Wir bestimmen über ihr Leben, ihre Fortpflanzung und oft über ihren Tod. Im Endeffekt müssen wir immer zum Wohle der Samtpfote entscheiden, so schmerzhaft das manchmal auch sein mag. Vielleicht wollen wir zumindest für unsere Katze unersetzbar sein und empfinden es als persönliche Niederlage, wenn sie es sich an einen neuen Menschen bindet. Unter Umständen keimen Gefühle der Wertlosigkeit in uns auf. Zu akzeptieren, dass es der Katze bei anderen Menschen mindestens genauso gut geht wie bei uns, kann daher einen harten Lernprozess darstellen. All unsere Vierbeiner vermögen zu einem neuen Menschen eine um nichts minder enge Bindung aufzubauen. Es braucht nur den richtigen Menschen, und diesen zu finden, ist der Liebesakt. Außerdem ist Loslassen für jeden von uns ein wichtiges Thema. Vielleicht fällt es uns unter anderem deshalb oft schwer loszulassen, weil in uns die Angst vor Veränderung und somit auch vor dem Neuen, Unbekannten wohnt. Altbekanntes mag schmerzhaft sein, aber wir kennen es. Es ist vertraut.

Leider wollten sich die Tierhalter weder von Berti noch von dem anderen Kater trennen. Berti wurde nicht sehr alt.

Warum alte und kranke Katzen unser Leben bereichern

Werden Katzen plötzlich unsauber, verhalten sie sich unerwartet aggressiv, ziehen sie sich zurück oder zeigen ein anderes auffälliges Verhalten, so können sich dahinter Krankheit oder Schmerz verbergen. Daher ist als erster Schritt immer eine tierärztliche Abklärung angezeigt. Je nach Beeinträchtigung finden sich die rechten Maßnahmen, um mehr Lebensfreude in den Katzenalltag zu bringen und um die Lebensqualität wieder zu steigern. Mindestens ebenso wichtig wie Laborbefunde sind unser Gespür für unsere Mieze. Immerhin kennen wir unsere Katze am besten. Wir leben, lachen und weinen tagtäglich mit ihm. Daher dürfen wir unserer Intuition, unserer Spürwahrnehmung sowie uns selbst inklusive unserer Talente und Begabungen Vertrauen schenken.

Es ist ein wunderbares Erlebnis, seinem schwerkranken Stubentiger Freude schenken zu können. Sei dies über liebevolle Zuwendung in Form von Kuscheleinheiten und/oder anhand des Durchspielens kleinerer Jagdsequenzen. Selbstredend sind auf die jeweiligen Nähe- und Distanzbedürfnisse unserer Katze Rücksicht zu nehmen. Die Lebensgeister des geliebten Vierbeiners neu erwachen zu sehen, beschert uns innere Freude. Wir schaffen ein freudvolles entspanntes Wohlgefühl, das die beste Basis für jede Form der Heilung darstellt. Glücklicherweise verfügen die lieben Miezen nicht über die Gabe des destruktiven Denkens, wie es vielen Menschen zu eigen ist. Vielleicht erholen sie sich auch deshalb rascher nach Operationen oder von schweren Erkrankungen.

Endorphine machen bekanntlich glücklich und fördern außerdem die Selbstheilungskräfte. Ständige Traurigkeit bis hin zu Depression schwächen hingegen. Daher dürfen wir darauf achten, dass wir selbst und unser Vierbeiner freudvoll durch das Leben wandern. Ein fröhliches Gemüt kann wahre Wunder vollbringen. Wie man das anstellt? Indem wir bewusst unsere Gedanken auf Licht- wie Freudvolles lenken, gegenwärtig sind und unsere Bedürfnisse sowie jene unserer Katzen wahrnehmen, respektieren und berücksichtigen. Selbstredend handelt es sich immer wieder nur um Kompromisse zwischen unseren Bedürfnissen und jenen unserer Mieze, die wir stets zu finden bemüht sind. Allerdings die bestmöglichen. Beispielsweise, indem wir unserer Wohnungskatze täglich Spaß auf Kätzisch mit einem spannend-amüsanten Beutespiel schenken. Insbesondere dann, wenn wir den ganzen Tag mit Abwesenheit geglänzt haben. Zuwendung in unterschiedlichster Form ist auch für unsere Katzen ein fundamentales Lebenselixier. Abgestimmt auf deren individuelle Bedürfnisse nach Nähe und Distanz. Nehmen wir uns bewusst Zeit für uns und für unseren Vierbeiner. In Wahrheit ist die bewusst gemeinsam verbrachte Zeit das größte Geschenk, das wir einander geben können.

Jeder, der bereits ein geliebtes Wesen durch Krankheit und im Sterbeprozess begleitet hat, weiß, wie schwierig und gleichzeitig bereichernd diese Zeit sein kann. Die Sorge um seine geliebte Mieze kann die Schönheit der gemeinsam verbrachten Zeit überlagern. Die fast irrationale Fassungslosigkeit über den Tod der geliebten Fellnase kann uns in einen seelischen Ausnahmezustand versetzen. Unendlicher Schmerz und Trauer können über uns hereinbrechen.

Dabei könnten wir auch glücklich sein. Es beginnt ein neues Leben für unseren Vierbeiner, in einer anderen Dimension und in anderer Form. Allerdings hat man weit öfter das Gefühl, ein Teil von einem selbst würde mitsterben. Denn gehen wir eine innige oder gar symbiotische Beziehung mit dem geliebten Lebewesen ein, so werden diese zu einem Teil unseres Selbst. Bis zu einem gewissen Grad findet eine Art Verschmelzung statt. Nicht umsonst übernehmen bei einer innigen Bindung die lieben Miezen unsere Emotionen bis hin zu unseren Krankheiten. Wir spüren einander gegenseitig. Zudem neigen wir Menschen zu einer Art Anhaften. Mit anderen Worten haben wir einen Hang zu einem Verhaftetsein mit liebgewonnen Dingen, Lebewesen, Gewohnheiten, Ritualen und anderem mehr. Abgesehen davon schmerzt der Tod eines geliebten Tieres um nichts weniger als jener eines geliebten Menschen. Die Begleitung durch eine schwere, länger andauernde und/oder chronische Erkrankung kann für alle Beteiligten gleichzeitig wunderschön, zutiefst berührend und zugleich sehr belastend sein. Mein aufrichtiges Mitgefühl ist jedem Einzelnen sicher.

Es ist ein natürliches sowie überlebensnotwendiges Verhalten unserer Samtpfoten, sich bei einer schweren Erkrankung oder vor dem nahenden Tod zurückzuziehen. Zu rasch würden sie in der Natur einem größeren Beutegreifer zum Opfer fallen. Umso berührender, wenn sich Frau und Herr Katze vertrauensvoll an uns wenden, wenn es ihnen sehr schlecht geht. Als Kind bewegte mich das Vertrauen einer uns zugelaufene Kätzin, die halbwild auf unserem Heuboden über dem Eselstall wohnte, auf besondere Weise. Ohne unser Wissen gebar sie vier Kitten und versteckte diese gut im Heu. Leider folgte eine lebensbedrohliche Gebärmutterentzündung. Vielleicht bewog sie die Sorge um ihren Nachwuchs, sich geschwächt an uns zu wenden. Katzen sind unglaublich faszinierende, wissende, fühlende Geschöpfe. Besagte Kätzin konnte sich kaum noch auf den Beinen halten, als sie plötzlich aus dem Heu hervorkam und mich kläglich anmaunzte. Ein herzerweichender Anblick. Natürlich fuhren wir sofort zum Tierarzt und suchten anschließend die Jungen im Heu. Die kleinen Miezen waren gesund und auch ihre Mutter war schon bald wieder genesen. Sie war eine Einzelgängerin und keineswegs gesellig. Dank Ihres Einsatzes waren Esel- und Pferdestall konsequent und zuverlässig von Mäusen frei. Obgleich sie ihr freies Leben liebte, genoss sie im gleichen Maße die menschliche Zuwendung, das Plätzchen im Warmen im Winter sowie die Leckerbissen aus Menschenhand. Ähnlich wie sie, bat meine Katzenprinzessin Lilly seinerzeit in einem Wiener Park maunzend um meine Hilfe. Das, obgleich sie mich zuvor nie gesehen hatte. Tiere spüren, wenn wir ihnen wohlgesonnen sind und sie unvoreingenommen lieben.

Unsere älter werdende oder kranke Mieze braucht uns besonders

Erkrankte und betagte Katzen sind bedürftiger und benötigen ihren Menschen mehr als noch in ihren wilden Sturm- und Drangjahren.

Da unsere alten Stubentiger meist besonders wärmebedürftig sind, bieten Sie ihnen bitte vermehrt sichere Ruheorte sowie warme Plätze an. Spätestens im Alter ist auf eine ausgewogene Ernährung, regelmäßige Bewegung sowie Spiel und Spaß großen Wert zu legen. Insbesondere die älter werdende Katze neigt zu einer Gewichtszunahme. Hier heißt es die Art der Nahrung ebenso wie die Nahrungsmenge anzupassen. Ein bejahrter Organismus ist oftmals empfindlicher. Ältere Miezen benutzen ihre Krallen weniger intensiv, deshalb müssen wir oder der Tierarzt diese kürzen. Da sich bei den Senioren sehr häufig Zahnprobleme finden, kommen wir nicht umhin, das Gebiss regelmäßig zu kontrollieren. Wenn nötig, muss der Tierarzt eine Zahnsanierung vornehmen. Insbesondere für die Bildung von Zahnstein spielt zusätzlich die Ernährung keine unwesentliche Rolle.

Gelenksprobleme, eine geringere Elastizität und Abnützungserscheinungen sind ebenso keine Seltenheit wie kleinere oder größere Wirbelsäulenproblematiken. Plötzlich werden die Küchenanrichte, das Lieblingsregal oder der Kratzbaum gemieden und die liebe Mieze begnügt sich mit dem Sofa als erhöhter Sitzposition und Aussichtsfläche. Springt unsere Katze plötzlich nicht mehr in erhöhte Gefilde, sollten wir sie auf jeden Fall tierärztlich auf Schmerzen im Bewegungsapparat untersuchen lassen. Unter anderem sind Laserakkupunktur, Physiotherapie, Chiropraktik bis hin zur Osteopathie hilfreich. Katzen haben immer einen guten Grund für ihr Verhalten.

Ältere Stubentiger setzen meist seltener Stuhl ab und neigen zu Darmträgheit. Ein wenig Öl oder Obers können

Abhilfe schaffen. Insbesondere bei unseren Senioren ist auf ausreichend Flüssigkeitszufuhr Wert zu legen. Hierfür kann man die Nahrung oder etwas Joghurt anwässern. Da allerdings nicht alle Katzen Milch und Milchprodukte vertragen, bitte zuerst in sehr kleinen Mengen probieren und sich herantasten. In diesem Fall geht es nicht um den Nährstoffgehalt, sondern rein um die vermehrte Flüssigkeitszufuhr.

Plötzlich auftretende Unsauberkeit kann auf Schmerzen, Krankheit, Unwohlsein jeder Art oder Stress hinweisen! Zieht sich die Samtpfote sehr zurück, bitte auch den Tierarzt aufsuchen oder ihn kommen lassen.

Ob der Besuch in der Tierarztpraxis oder ein Heimbesuch besser ist, hängt sehr stark von der Katzenpersönlichkeit ab. Insbesondere für ängstliche und unsichere Geschöpfe kann der Tierarzt als vermeintlich gefährlicher Eindringling in das Revier wahrgenommen werden und dementsprechend enormen Stress verursachen. Wählen wir den Weg in die Ordination, ist die Wahl des Tierarztes wesentlich. Neben der Entfernung (um lange Fahrten zu verhindern), sollte es sich um einen ruhigen sowie einfühlsamen Tierarzt handeln. Um den Katzen längere Wartezeiten zu ersparen, sind möglichst pünktliche Termine empfehlenswert. Den Katzenkorb mit der Mieze bitte nicht auf dem Boden abstellen, sondern auf einem erhöhten Platz – beispielsweise auf einem Stuhl – positionieren. Außerdem sollten fremde Hunde und Katzen ferngehalten werden. Die Transportbox kann zudem abgedeckt und die Kuscheldecke in der Box mit einem Pheromonspray vorbehandelt werden.

In Zeiten von Krankheit kommen wir einander unvoreingenommen sehr nahe. Automatisch konzentrieren wir uns auf das Wesentliche, wie zusammenzuhalten und für einander da zu sein. Alte Ungereimtheiten sind rasch vergessen. Wunderschöne tiefe Bande können sich entspinnen. Wir erhalten die Chance, uns selbst ein Stück weit besser kennenzulernen und vielleicht unsere liebe Samtpfote von einer bisher unbekannten Seite zu betrachten. Es kann mehr Gemeinschaftsgefühl erwachsen und das Vertrauen vertieft sich in ungeahnter Weise. Unsere Miezen wissen, dass wir ihnen Gutes tun und für sie zuverlässig da sind. Ganz so, wie sie auch uns zur Seite stehen.

Aus unterschiedlichen Gründen können Katzen an seelischen Beeinträchtigungen leiden. Die Samtpfote mit einer Angststörung ist ebenso keine Seltenheit wie der depressive Stubentiger. Unsere Miezen können an allem erkranken, woran auch wir Menschen leiden. Viel Fingerspitzengefühl und Einfühlungsvermögen sind gefordert, wenn wir depressiven oder angsterfüllten Miezen wieder zu mehr Lebensfreude verhelfen wollen. Wenn wir es mit grundsätzlich eher scheuen Tieren zu tun haben, handelt es sich noch längst nicht um ein auffälliges Verhalten oder eine Störung. Allerdings kann ein hoher Grad an Scheu das Leben der Katze beeinträchtigen und im schlimmsten Fall zu einer Angststörung führen. Wir können uns vorstellen, dass es schrecklich sein muss, in ständiger Angst vor allem, was ist, zu leben. In der Natur ist Scheu hoch vererblich. Immerhin handelt es sich um eine durchaus förderliche wie sichere Überlebensstrategie, zuerst einmal Vorsicht walten zu lassen. Katzen verfügen ähnlich den Menschen über unterschiedliche Toleranzen sowie kritische Distanzen, etwa inwieweit sie die Nähe eines Artgenossen oder Berührungen tolerieren. Daher lassen wir die Fellpfote entscheiden, wie viel Zuwendung, Körperkontakt und Nähe sie möchte und bleiben achtsam und respektvoll.

Taube und blinde Mieze bieten uns besondere Herausforderungen

Alte Katzen werden häufig taub, was sich in einem vermehrten Vokalisieren bemerkbar machen kann. Doch auch taube Vierbeiner kommen im Allgemeinen relativ leicht durch ihr Leben, einmal mehr spiegelt das ihre hohe Anpassungsfähigkeit wider.

Wie bei uns Menschen verfeinern sich auch bei unseren Stubentigern die anderen Sinne zusehends. Freigänger sind allerdings im Straßenverkehr äußerst gefährdet. Daher empfehle ich, schwerhörige bis taube Katzen lieber im Haus zu halten und nur einen kontrollierten Freigang zu ermöglichen. Katzenvolieren sind eine überlegenswerte Alternative. Zudem erfordert unsere Kommunikation mit ihnen eine Neujustierung und Anpassung, um die liebe Mieze nicht noch zusätzlich zu stressen. Warum taube Katzen häufig vermehrt und oft zusehends lauter vokalisieren, fällt in den Bereich der Spekulationen. Manche sehen die Ursache darin begründet, dass die Katze ihr Miauen selbst nicht mehr hört. Wer weiß, vielleicht fühlt sie sich außerdem einsam und bemüht sich, durch ihr ständiges Miauen Kontakt zu ihren Menschen herzustellen.

Plötzlich nicht mehr die gewohnten Reaktionen auf ihr Geplauder zu erhalten, muss für unsere Katze irritierend sein. Wie wir wissen, bringen Stubentiger das Miauen für uns Menschen zur Perfektion. Insbesondere, wenn zuvor fleißig Zwiesprache gehalten wurde, wird sich die Katze über das vermeintliche Schweigen ihres Menschen sehr wundern. Es könnte für sie eine wesentliche Verbindung unterbrochen sein. Vielleicht versucht sie uns mitzuteilen, andere Kommunikationsformen zu wählen. Wenn wir eng mit unseren Miezen verbunden sind, können wir unsere telepathischen Begabungen trainieren. Einige Vierbeiner verfügen noch eine ganze Weile über ein Restgehör und nehmen bestimmte Frequenzen weiterhin wahr. Allerdings können sie in diesen Fällen, wie wir Menschen, die Quelle des Geräusches, des Tones häufig nicht exakt ausmachen. Da das verwirrend für sie sein kann, werden sie infolge manchmal schreckhafter.

Lassen die Sinne insgesamt nach, leben sie zusehends in ihrer eigenen sowie einer etwas eingeschränkteren Welt. Es ist leicht nachfühlbar, dass unerwartete Berührungen bei tauben Fellpfoten schneller zu Schreckreaktionen führen können. Interessanterweise wurde von den zahlreichen Katzen in unserer Obhut einzig die allseits verehrte Mauserin Sally taub. Sie miaute allerdings nicht vermehrt.

Nehmen uns die Miezen akustisch nicht mehr wahr, können wir auf anderen Wegen miteinander kommunizieren. Beispielsweise, indem wir vermehrt unsere Körpersprache sowie unsere Mimik einsetzen. Des Weiteren haben wir die Möglichkeit, unseren Katzen etwa mittels Lichtpunkten (Taschenlampe, Laserpointer) Rückmeldung auf ein bestimmtes Verhalten zu geben. Unter anderem können wir ihnen auf diesem relativ einfachen Weg kleinere Kunststückchen beibringen und/oder sie bei Bedarf sanft erziehen. Hierbei wird anstatt des Klicks des Klickertrainings (Markertraining) ein Lichtpunkt als Marker zur Verhaltensbestätigung eingesetzt.

Die Ursachen für Blindheit können mannigfaltiger Natur sein. Erblindete Katzen bieten oft einen armseligen Eindruck, jedoch sollten wir ihnen nicht unsere menschlichen Emotionen überstülpen. Tiere gehen mit einem Handicap oder einer Beeinträchtigung gänzlich anders um als der Mensch. Egal, ob Katzen ihr Augenlicht durch einen Unfall oder ein Glaukom (grüner Star) verloren haben, ihr ausgezeichneter Tast-, Geruchs- und Gehörsinn vermag viel zu kompensieren.

Marschiert die Fellpfote plötzlich gehäuft die Wände entlang oder läuft sie womöglich an Möbelstücke an, die sich nicht an ihren üblichen Orten befinden, so deutet dies auf eine Erblindung hin. Sie wird zwar weiterhin ihren geliebten Kratzbaum besteigen, allerdings – wenn überhaupt – nur sehr langsam herunterklettern. Mithilfe von sanften Klopfgeräuschen können wir unsere Mieze anfänglich etwa zu ihrer Futterstelle und der Katzentoilette dirigieren.

Einmal mehr beweisen Katzen ihre Anpassungsfähigkeit. Da durch den Ausfall des Sehsinns die Ohren vermehrt gefordert sind, lassen sich intensivere Ohrenbewegungen beobachten. Auch an der Stellung der Vibrissen (Schnurrhaare) erkennen wir deutliche Veränderungen. Der Katze Schnurrhaare sind faszinierende Sinnesorgane und äußerst hilfreich für die blinde Katze. Bei erblindeten Schnurrmonstern sind sie viel häufiger nach vorne gerichtet und gespreizt zu sehen. Wesentlich für den ausgereiften Tastsinn sind neben den Schnurrhaaren auch die Tasthaare über den Augen sowie seitlich am Kopf und an der Rückseite der Vorderpfoten. Da diese feinen Haare mit Nervenfasern verbunden sind, nehmen unsere Miezen jede kleinste Erschütterung wahr. Sie sind sehr sensitive Geschöpfe, die lieben Katzen. Die Pfoten an sich sind unempfindlich. Sonst könnten sie kaum durch den kalten Schnee laufen. Als Wärmesensor dient der Nasenspiegel.

Unter Umständen zieht sich die erblindende Katze vermehrt zurück oder sie erscheint im Wesen verändert. Vielleicht faucht sie uns wie aus heiterem Himmel an. Insgesamt kommt zwar auch die blinde Katze recht gut durch ihr Katzenleben und versteht sich besser zu orientieren, als wir dies erwarten würden, allerdings fühlen sie sich oft rascher gestresst. Darauf müssen wir Rücksicht zu nehmen. Mit ein wenig Hilfe können wir ihr den Stress nehmen und ihr Verhalten in für alle Beteiligte angenehme Bahnen lenken. Damit sich die blinde Fellpfote im Alltag besser zu orientieren versteht, sind unter anderem vermehrt Rituale einzubauen. Ohnedies sind Katzen keine Freunde von großen Veränderungen, blinde Geschöpfe schätzen diese noch weniger.

Die Standorte von Futter, Wasser, Katzenklo und allen weiteren Ressourcen sollten nicht verändert werden.

Wir dürfen behutsamer mit unserer blinden Mieze umgehen, beispielsweise, indem wir sie nicht wie eine sehende Katze unerwartet hochnehmen und in ein anderes Zimmer tragen. Wir können viel zu ihrer Entspannung beitragen wie etwa über gemeinsame Kuscheleinheiten, vermehrte Kratzmöglichkeiten, angenehme Musik oder ein gemeinsames Spiel. Auch bei der blinden Katze dürfen wir auf die Jagd nicht vergessen, denn auch sie jagt für ihr Katzenleben gerne. Da der Bewegungsreiz ausfällt, werden die Beuteattrappen und Spielutensilien mit Gerüchen versehen und/oder sollten Geräusche machen. Raschelnde Papierkügelchen (beispielsweise aus Cellophanpapier) können bereits großen Spaß bereiten. Auch in diesem Fall sollten wir bei der Wahl der Attrappe auf das Beuteschema von Frau und Herrn Katze achten. Zu groß sollte sie nicht ausfallen. Katzen verfolgen grob gesagt zwei Strategien bei ihrer Jagd. Einerseits durchwandern sie ihr Revier sowie Streifgebiet und reagieren blitzschnell auf kleinste Bewegungen oder Geräusche ihrer potenziellen Beutetypen. Außerdem haben sie bevorzugte Jagdgebiete. Mit viel Geschick schleichen sie sich zügig an die vermeintliche Beute an. Andererseits können sie rund eine halbe Stunde vor einem Mausloch zubringen und geduldig auf einen kleinen Nager warten. Per Geruchskontrolle stellen sie sicher, dass sich auch wirklich Mäuse in dem Loch befinden. Zudem hören sie das Fiepen der Mäuse. Bevor sie ihre Beute also sehen, nehmen sie diese meist zuerst geruchlich oder akustisch war. Mit anderen Worten kann eine blinde Katze ein erstklassiger Jäger sein. Nicht zuletzt mithilfe der feinen Vibrissen.

Katzen sind Lauer-, Ansitz- und Schleichjäger. Außerdem sind Katzen geringgradig kurzsichtig. Die beste Sehschärfe liegt im Bereich von rund zwei bis sechs Metern. Alles direkt vor ihrer Nase sehen sie nicht besonders gut.

Da in diesem Bereich die Tasthaare ihre Funktion ausüben, ist es auch nicht notwendig. Daraus ergibt sich, dass bei kleinen Distanzen die Bewegung des Gegenübers, die Geschwindigkeit seiner Bewegungen sowie seine Körperhaltung (Silhouette) wesentlichen Signalcharakter haben.

Um unsere taube oder blinde Katze nicht unnötig zu erschrecken, nähern wir uns bitte immer mit Bedacht und nicht zu plötzlich an. Ebenso vermeiden wir zu rasche oder gar unsanfte Berührungen. Wir dürfen sie sachte vorbereiten. Bei unseren tauben Samtpfoten sind freundliches Anlächeln und nettes Augenzwinkern immer willkommen. Blinde und/oder taube Katzen sollten zuerst vorsichtig unseren Geruch wahrnehmen dürfen, ehe wir sie berühren. Erst dann streichen wir ihnen zart über die Wangen und achten immer auf ihre Reaktion. Sie selbst teilen uns mit, welche Berührungen sie wie und wo wünschen. Ein wenig Körperarbeit kann zudem das Kontakten über die verlorene verbale Kommunikation sowie den Verlust des Sichtkontakts bis zu einem gewissen Grad ersetzen. Dies natürlich immer den individuellen Bedürfnissen unserer Samtpfote angepasst. Kleine Massagen oder etwa die »*Tellington T Touch*«-Methode« nach Linda Tellington-Jones können wahre Wunder vollbringen und unsere Vierbeiner aktivieren sowie gleichzeitig zur Entspannung beitragen. Allerdings ist auch hier darauf zu achten, dass sich Frau und Herr Katze nicht vor einer zu plötzlichen Berührung erschrecken. Zudem dürfen wir auch bei unseren tauben und blinden Samtpfoten immer wieder unsere Fantasie spielen lassen, um ihr zu ein wenig amüsanter Abwechslung zu verhelfen. Gerüche aus der weiten Welt der Natur und kleine Spieleinlagen sind ebenso willkommen wie Katzenminze-, Baldrian- oder Geißblatteinlagen.

Insgesamt kommen unsere Samtpfoten mit körperlichen Beeinträchtigungen weit besser zurecht als wir Menschen. Sie passen sich äußerst rasch an die veränderten körperlichen Befindlichkeiten an und genießen ihr Dasein. Ihnen scheint der fröhlich-heitere Blick auf das Leben trotz aller Besorgnisneigung in die Wiege gelegt zu sein. Sie konzentrieren sich immer wieder erfolgreich auf das Wesentliche in ihrem Dasein. Ausgenommen sind jene Miezen, die unter starken Schmerzen leiden. In diesen Fällen sind schmerztherapeutische Maßnahmen angezeigt.

Katzen nehmen vieles leichter

Im Vergleich zu vielen Menschen lassen sich Katzen von körperlichen Beeinträchtigungen nicht die Lebensfreude nehmen. Warum die Zeit mit Grübeln über Unveränderbares, Vergangenes oder Zukünftiges verschwenden? Wir können uns einiges von Katzen abschauen, denn sie verstehen es, sich auf wesentliche Dinge des Lebens wie Spielen, Schlafen oder genussvoll Kraulen-Lassen zu konzentrieren und vergleichen sich nicht mit anderen. Unsere fürsorgliche Unterstützung nehmen sie dankbar an.

Insgesamt beträgt das Gesichtsfeld unserer Stubentiger 280 Grad und ist daher deutlich größer als jenes des Menschen. Das räumliche Sehen der gesunden Katze ist folglich ausgezeichnet entwickelt. Das Gesichtsfeld einer einäugigen Mieze ist zwar beeinträchtigt, dennoch findet sie sich gut zurecht. Da der Blick der Katze klar nach vorne gerichtet ist und die Augen selbst kaum beweglich sind, ist leicht nachvollziehbar, dass eine einäugige Samtpfote bei schneller Annäherung von der augenlosen Seite rascher erschrecken kann. Vorerfahrungen spielen selbstredend keine unwesentliche Rolle.

Die Amputation einer Gliedmaße ist leider manchmal, wie etwa nach einem Unfall, unumgänglich. Wir brauchen uns auch davor nicht zu ängstigen. Unser dreibeiniger Stubentiger ist geschickter, als wir uns oft ausmalen. Wir sollten einzig das Gewicht im Auge behalten. Denn unser Dreibeiner ist als Leichtgewicht weit behänder und der restliche Bewegungsapparat wird durch etwaige Fehlbelastungen dann weniger rasch überstrapaziert. Das Problem liegt eher bei uns, da eine amputierte Gliedmaße für viele Menschen eine Belastung darstellt.

Unser dreibeiniger Kater Petzi erklomm fröhlich Bäume und erfreute sich täglich seines Lebens. Er führte ein gänzlich normales Katzenleben in unserer kunterbunten Katzengruppe. Nicht ein Einziger in der illustren Miezengesellschaft veränderte ihm gegenüber sein Verhalten. Die Lebensfreude dieses Katers täglich aufs Neue miterleben zu dürfen, war für mich ein Geschenk. Immerhin hatte ich ihn schwerstverletzt gefunden und kaum Hoffnung auf sein Überleben gehabt.

Stubentiger mit neurologischen Beeinträchtigungen, wie etwa leichten Ataxien oder Problemen aus dem epileptischen Formenkreis, sind im Prinzip nicht anders zu behandeln als ihre gesunden Artgenossen. Jedoch muss da und dort auf mehr Sicherheit geachtet werden wie etwa bei Catwalks.

Die senile Demenz macht auch vor unseren alten Miezen nicht halt. Unter anderem kann sie sich in vermehrten Miau-Konzerten offenbaren. Da senile Katzen manchmal von ihren Ausflügen nicht mehr nach Hause finden, sollten wir sie besser nur unter Beobachtung in den Garten lassen oder sie im Haus behalten. Es handelt sich hierbei um eine Rundumbeeinträchtigung. Diese Vierbeiner benötigen nicht nur viel Liebe, sondern stellen manchmal unsere Geduld auf den Prüfstand. Neben unserer Zuwendung schenken wir auch unserer senilen Mieze den Spaß an regelmäßig durchgeführten Jagdsequenzen in Form des interaktiven Beutespiels.

Waisenkind Miechen

Nur eine unserer vielen Samtpfoten würde ich als »senil« bezeichnen, unser Miechen. Wir hatten sie und ihre Geschwister seinerzeit mit der Hand aufgezogen, nachdem ihre Mutter im angrenzenden Wald in ein Schlageisen geraten war. Miechen begleitete mich durch Kindheit und Jugend.

Ich erinnere mich immer noch sehr gut an meine tatkräftige Mutter im Einsatz für die schwerstverletzte Mutterkatze von Miechen. Die Kätzin war halb verwildert, die Wunden bereits infiziert sowie brandig und alle Beine waren betroffen. Genau genommen lief sie auf den »Stümpfen« ihrer Extremitäten. Es war ein wahres Wunder, dass diese Kätzin überhaupt noch lebte. Vielleicht war der Selbsterhaltungstrieb ob ihrer vier Jungen derart machtvoll, dass sie nicht aufgab und immer noch Leben in ihr pochte. Meine Mutter konnte sie einfangen, brachte sie zum Tierarzt und wurde im Zuge dessen gebissen. Leider konnte die Kätzin nicht gerettet werden. Zu schwer waren die Verletzungen. Zumindest wurde ihr Leiden beendet und sie erlöst.

Eine verletzte Katze einzufangen, kann ein sehr schwieriges Unterfangen sein. In ihrer Not sowie ihrem starken Selbsterhaltungstrieb gemäß kann sie sich auch mit schwersten Verletzungen höchst aggressiv gebärden. Aggressives Verhalten ist grundsätzlich normal für den Beutegreifer Katze. Da die Infektionsgefahr sehr hoch ist, sollte selbst ein auf den ersten Blick harmlos anmutender Katzenbiss immer ärztlich versorgt werden. Eine von uns gut gemeinte Rettung kann für das sensible und rasch besorgte wie gestresste Tier Katze ein wahrer Schock sein. Ein traumatische Erfahrung. Im Grunde sollte es eine lückenlose sowie rasche Kette beim Einfangen eines verletzten, kranken Tieres geben, um sie zügig tierärztlich zu versorgen und um massiveren Stress zu verhindern. Am besten ist bereits ein Tierarzt zugegen, der möglichst rasch einen sich aggressiv gebärdenden und insbesondere wilden oder halbwilden Stubentiger leicht betäubt und/oder mit Schmerzmittel versorgt. Stress fährt, wie ich bereits ausgeführt habe, das Immunsystem auf null. Auch deshalb sollten Rettungs- und Fangaktionen von Katzen umsichtig und möglichst stressfrei vonstattengehen. Vierbeiner empfinden wie wir Angst und Stress.

Obgleich die Katzenkinder besagter verletzten Katzenmutter sehr gut in der Nachbarschaft versteckt waren, konnten wir sie rasch ausfindig machen. Zwar hatten die Kleinen vermutlich noch keine Menschen gesehen, aufgrund ihres Alters verlief die Sozialisation aber reibungslos. Mit vereinten Kräften zogen wir die vier verstörten Wichte mit dem Fläschchen groß. Zudem gab es in unserem Haushalt einige Altkatzen, die sich vortrefflich verhielten und erzieherisch einwirkten.

Miechen war eine graue Tigerkatze und bekam diesen Namen, weil sie nie »miau«, sondern immer nur »mi« sagte. Katzen sprechen sehr unterschiedlich, daher war dies in Wahrheit nichts Besonderes. Meine Mutter fand für drei der süßen Schnurrmonster ein gutes Plätzchen und Miechen durfte bei uns bleiben. Sie war eine von den besonderen Samtpfoten und wir liebten sie sehr. Miechen wuchs zu einer prachtvollen Tigerkatze heran und entwickelte eine äußerst innige Bindung an uns. Im höheren Alter zeigte sie Symptome einer leichten senilen Demenz oder wie wir zu sagen pflegten: Sie wurde ein wenig wunderlich. Dies tat unserer Liebe freilich keinen Abbruch.

Bei den meisten unserer Katzen verlief das Älterwerden glücklicherweise unspektakulär. Sie blieben überwiegend fit und gesund. Teilweise lag das an der zumindest einigermaßen ausgewogenen Ernährung. Insbesondere jene Katzen, die regelmäßig kleinere Beute schlugen, wirkten bis in ihr höheres Alter agil und vital. Die jüngeren Kater kamen ab und zu mit Blessuren nach Hause. Die Älteren unter ihnen waren bereits klüger und gingen ernsten Auseinandersetzungen immer öfter aus dem Wege. Sie beließen es lieber bei wild anmutendem Imponiergehabe und suchten öfter als bisher ein Plätzchen am warmen Ofen auf. Unsere Hauskatzen lieben als Erben der afrikanischen Falbkatze wohlige Wärme. Ältere Zeitgenossen sind besonders wärmebedürftig. Indem wir ihnen zusätzliche Ruhe- und Schlaförtlichkeiten nahe eines Ofens, in der wärmenden Sonne und/oder weiche wärmende Unterlagen anbieten, machen wir unseren Senioren nicht nur eine große Freude, sondern tun ihren alten Knochen etwas Gutes.

Insgesamt haben betagtere Fellpfoten ein höheres Schlafbedürfnis. Gerne gehen sie ihre Tage etwas gemütlicher an, bis ihr Jagdinstinkt durch eine Maus oder einen Vogel geweckt wird. Für den Einzeljäger Katze ist und bleibt die tief innewohnende und rasch auslösbare Jagdleidenschaft überlebensnotwendig. Bekanntlich hat die Katze kein Rudel hinter sich, dass ihr beim Beutefang zur Seite steht. Als Konsequenz sollte das Spiel auch bei unserer älter werdenden Mieze einen festen Platz im Alltag einnehmen. Der Fokus liegt auf Spaß und Freude. Es sind wundervolle Erlebnisse, wenn die Augen unserer Fellnase, die sich schon fast aufgegeben zu haben scheint, bei einem interaktiven Beutespiel wieder zu funkeln beginnen. Vielleicht nur für kurze Zeit und auch das ist vollkommen in Ordnung.

Immer wieder höre ich den Satz: »Meine alte Katze spielt nicht.« Da Katzen aber nicht gänzlich domestiziert sind und bis ins hohe Alter das Raubtierherz in ihnen schlägt, spielen auch die älteren Semester unter ihnen mit Wonne. Kleine Jagdsequenzen machen Miezen nicht nur glücklich, sondern halten sie gesund und fit. Allerdings müssen wir manchmal einfallsreicher werden und mehr Abwechslung bieten.

Unter den zahlreichen Samtpfoten meiner Klienten blieb mir der souveräne weise Kater Jakob besonders im Gedächtnis. Er lehrte seine Menschen, dass Katzen auch mit 19 Jahren jagdtechnisch nicht zum alten Eisen zählen. Die Tierhalter glaubten nicht, dass Jakob in seinem betagten Alter und krankheitsbedingt spielen würde. Wie so oft zückte ich meine kleine an einem Bindfaden befestige Fellmaus und ließ sie vor seiner Nase zum Leben erwachen. Eine liebe Klientin nannte diese Maus »Zaubermaus«, weil jede Katze im wahrsten Sinne des Wortes darauf anspringt. Es brauchte nur wenige, der Maus nachgeahmte ruckelnde Auslösebewegungen, und Jakob war sogleich in Lauerposition. Schneller als wir schauen konnten, hatte er die Fellmaus auch schon erlegt. Stolz zog er mit seiner zur Strecke gebrachten Beute von dannen.

Unterstützung für unseren Katzensenior

Die Sinne der älter werdenden Katzen lassen meistens nur in geringem Ausmaß und fast unmerklich nach. Am häufigsten ist noch die taube Katze anzutreffen. Um unsere Mieze auch weiterhin fit zu halten, sollten wir unseren alten Vierbeinern unterschiedliche Reize bieten. Wie bereits erwähnt finden Gerüche aus der weiten Welt (insbesondere aus der Natur), Spieleinlagen, ab und wann Baldrian-, Geißblatt- oder Katzenminze-Sessions großen Anklang und wirken in hohem Maße motivierend sowie anregend auf unsere Katzensenioren. Außerdem hilft geistige Arbeit, wie beispielsweise Futtersuchspiele oder das bekannte Klickertraining, unsere Mieze an ihrer Umwelt interessiert und geistig rege zu halten. Abwechslung ist angesagt, wobei eingeführte Rituale beibehalten werden. Wir wollen den Senior keinesfalls überfordern. Wie wir wissen, sind Katzen neugierige Gewohnheitstiere, die Veränderungen nur bedingt zu schätzen wissen.

Uns Menschen ergeht es im natürlichen Alterungsprozess ähnlich. Gewiss ist es nicht immer leicht zu akzeptieren, dass der Körper an Kraft nachlässt. Angemessene Bewegung, eine ausgewogene Ernährung und geistige Anregungen sind auch für uns wichtig. Spaziergänge an der frischen Luft, Spiel und Spaß mit unserer Katze, Theaterbesuche oder ein Besuch in einer Therme? Finden Sie heraus, was Ihnen guttut! Das Gehirn kann unterschiedlich fit gehalten werden. Ob durch das Auswendiglernen von Gedichten, kleinen Konzentrationsübungen, Verhaltensbeobachtungen der Katze, dem Lösen von Kreuzworträtseln oder einfach, weil Dinge anders gemacht werden als bisher. Die Neugier darf wie bei unseren Miezen wach bleiben.

Wir müssen uns an die Bedürfnisse des älter werdenden Stubentigers anpassen. Bitte dem Katzensenior kein einzelnes Katzenkind vor die Nase setzen. Häufig bleiben alte Miezen lieber in trauter Zweisamkeit mit ihrem Menschen. Lebten sie bisher in einer harmonischen Miezengemeinschaft muss individuell entschieden werden, ob wieder Gesellschaft erwünscht ist. Die neue Partnerkatze sollte etwas jünger sein. Auch wenn theoretisch gleichgeschlechtliche Paare besser harmonieren, sind schlussendlich Wesen und Charakter ausschlaggebend. Einem einzelnen, wilden halbstarken Jungspund ist der Senior meistens nicht mehr gewachsen beziehungsweise würde er unnötigen Stress erfahren. Abgesehen davon sollten Katzenkinder, um eine gesunde, glückliche und freudvolle Entwicklung sicherzustellen, immer zu zweit aufgenommen werden. Für den geselligen Senior kann ein Katzenkinderpärchen durchaus eine gute Wahl sein. Wir müssen immer den individuellen Einzelfall prüfen und unserer alten Katze Vorrechte einräumen. Im Endeffekt entscheidet sie.

Des Weiteren gibt es mittlerweile auch für Vierbeiner sanfte Behandlungsmöglichkeiten, um ihnen unter anderem bei Problemen im Bewegungsapparat zu helfen. Mithilfe sachter Massagen gegen etwaige Verspannungen, TCM

(Traditionelle Chinesische TC Medizin), Laserakkupunktur, Osteopathie, Rotlicht-, Magnetfeld- und/oder Physiotherapie können wir unseren Miezen Erleichterung verschaffen. Osteopathische Behandlungen können auch bei organischen Problemen wahre Wunder vollbringen. Am besten setzt man diese sehr sanfte und von den Katzen meist gut angenommene Behandlungsmethode bereits prophylaktisch ein. In jedem Fall fördert sie das Allgemeinbefinden. Auch Homöopathie und Blütenessenzen können wunderbar unterstützend sowie heilend wirken.

So lange Lebenswille und Lebensfreude in unserer Katze pochen, halten wir ihre innere Flamme am Brennen. Die Lebensqualität muss erhalten sein. Wünschen wir uns das nicht auch für uns? In vertrauter Umgebung und von liebevollen Menschen umgeben sein? Das Sein zu genießen, ist einfach wunderbar. In der Liebe und unserer liebevollen Zuwendung liegt auch für unsere Katzen viel Kraft. Wieder spreche ich nicht von der bedingten Liebe, sondern viel mehr von der bedingungslosen, die nicht an irgendwelche Erwartungen oder Vorstellungen geknüpft ist. Unser wahres Wesen ist die Liebe. Haben wir Zweifel, können wir immer fragen: Was würde jetzt die Liebe tun?

Unsere Miezen nehmen uns immer an, wie wir sind. Wir dürfen es ihnen gleichtun und sie ebenso in Krankheit wie Alter lieben und annehmen. Die meisten Menschen verhalten sich in diesem Sinne, sind rührend besorgt und scheuen keine Tierarztkosten. Dennoch müssen wir wachen Auges und Gemüts sein. Denn es gibt eindeutig Grenzen in der Medizin und daher sollten wir unsere Vierbeiner ab einem gewissen Punkt nicht mit tausend Behandlungen oder stationären Aufenthalten quälen. Zudem ist abzuwägen, wie viel Stress dies alles für Frau und Herrn Katze bedeutet. Unsere Miezen sind nun einmal gar rasch besorgte Geschöpfe.

Das Leben lebenswert gestalten ist die Devise und ein guter Weg und nicht, sich oder ein geliebtes Wesen »krank-

oder gar totdenken«. *Jetzt* lebt unsere Mieze und *jetzt* machen wir es uns fein. Die umgekehrte Situation ist jene, wo wir Frau und Herrn Katze nicht loslassen können. Es ist schmerzhaft, keine Frage. Wenn wir nicht vermögen, unsere geliebte Samtpfote in Frieden gehen zu lassen, dann allerdings kann unsere Liebe in Egoismus umschwenken. Manchmal ist es nur ein schmaler Grat, auf dem wir uns dabei bewegen ... Lassen wir los und den Schmerz zu! Brecht die Schale auf, wie Khalil Gibran so schön sagt. Nichts geht verloren, alles ist Energie und so gehen auch unsere Samtpfoten nur in eine andere Daseinsform über. Auch ihre Seele verschwindet nicht im Äther auf nimmer wiedersehen. Die schönen Erinnerungen bleiben uns wie Geschenke. Zugleich erklimmen wir neue Stufen, die wieder Schönes für uns parat halten. Bleiben wir neugierig und offen. In jedem Neuanfang, sei er anfänglich auch noch so schmerzvoll, schwingt ein besonderer Zauber.

Einen besonderen Platz im Herzen eroberte »Herr Ringelnatz«

Dank meiner äußerst katzenliebenden Mutter hatte ich das Glück, mit einer reichen Vielfalt schnurrender Vierbeiner aufwachsen zu können. Wir suchten die Miezen nicht, sie fanden auf unterschiedlichsten Pfaden den Weg zu uns. Mein Erfahrungsschatz ist nicht zuletzt deshalb sehr groß, weil ich mich bereits als Kind hingebungsvoll um die Tiere kümmerte. Besonders gerne erinnere ich mich an jene Katzen, die in Gesundheit alterten, wie etwa »Herr Ringelnatz«.

Ich war Schülerin und im Teenageralter, als ihn meine Mutter im tiefsten Winter auf der eisigen Schnellstraße fand. Da lag er in der Dämmerung, sich selbst überlassen und angefahren im Schnee. Zuerst dachte meine Mutter, er wäre tot. Beherzt, wie sie ist, blieb sie stehen, um das Tier zur Seite zu legen. Plötzlich hob der Kater den Kopf und blickte meine Mutter an. Mehr war auch nicht vonnöten. Sogleich packte sie ihn ein und brachte ihn zu uns nach Hause. Der Tierarzt war erst am Folgetag erreichbar. Herr Ringelnatz hatte großes Glück, denn bis auf einen komplizierten Beinbruch hatte er keine Blessuren davongetragen. Allerdings verströmte er einen äußerst intensiven Geruch. Herr Ringelnatz war unkastriert und dementsprechend unverkennbar war seine Duftnote. Bei unkastrierten Katern nimmt der Urin Gerüche an, die unserer menschlichen Nase kaum zumutbar ist. Nun gut. Am nächsten Tag konsultierten wir den Tierarzt. Kleintierärzte waren am Land zu dieser Zeit Mangelware. Meine Eltern nahmen zum Wohl der Tiere gerne die mehrere Kilometer lange Fahrt in Kauf und selbstverständlich war ich immer dabei. Der Beinbruch war rasch diagnostiziert, der Gips allerdings wollte nicht halten. Meine äußerst kreative Mutter fackelte nicht lange und bastelte selbst eine stabile Schiene. Jetzt stand der Heilung nichts mehr im Wege. Herr Ringelnatz wurde außerdem auf der Stelle kastriert. Der Tierarzt meinte, dass wir ihn, bis er »ausgestunken« sei, im Keller unterbringen sollten. Natürlich folgten wir seinem Rat nicht. Herr Ringelnatz verbrachte den Winter in der zentralgeheizten warmen Stube.

Da ihm auch ein paar Zähne gezogen werden mussten und er nur noch über einen einzelnen Reißzahn verfügte, war seine Mäusejagd deutlich erschwert. Dennoch gab er sich nicht geschlagen. Sein Raubtierherz pochte unerschütterlich in ihm. Mäuse zu fangen, war nicht das Problem. Allerdings klappt das Töten bei allem guten Willen nicht mehr. Da seine Versuche, die erbeuteten Nagetiere zu Tode zu lutschen, kläglich scheiterten, huschten unverblümt regelmäßig Mäuse durch unser Haus. Wir wurden Profis im Mausfang und entließen sie als tierliebende Menschen umgehend in die Freiheit.

Herr Ringelnatz war ein freundlicher, lustiger, geselliger Zeitgenosse und zudem sehr gut sozialisiert. Selbst vor unserer Schäferhündin Barka fürchtete er sich keinen Augenblick. Barka war allerdings ihrerseits mit Katzen sehr vertraut und immer äußerst sanft im Umgang mit Schnurrmonstern. Sehr amüsant waren seine im vierzehntägigen Rhythmus wechselnden Schlafplätze. Herr Ringelnatz ruhte beispielsweise vierzehn Tage in der Brotdose, vierzehn Tage in der Dellwolle (Dämmwolle) hinter dem Haus, vierzehn Tage auf der Terrasse ... im Schrank ... im Blumentopf. In diesem Punkt war auf Herrn Ringelnatz immer Verlass.

Seit jeher amüsiere ich mich über die besonderen Eigenheiten der lieben Miezen. Das Leben mit ihnen wird nie langweilig. Katzen sind für ihre großen individuellen Unterschiede bekannt. Originale wie Herr Ringelnatz eroberten stets rasch einen Platz in meinem Herzen. Natürlich schlief er mehr als seine jüngeren Zeitgenossen, dennoch blieb er aktiv und war viel im Freien unterwegs. Gut sozialisierte ältere Tiere wie er bringen viel Ruhe in eine Katzengruppe.

Es war schön zu beobachten, wie viel Lebensfreude Herr Ringelnatz selbst im hohen Alter ausstrahlte. Für Tiere ist das Altern normal. Es wird kein Gedanke an mögliche Falten oder Altersbeschwerden verschwendet. Sie passen sich dem alternden Körper sowie den zur Verfügung stehenden inneren Ressourcen an und traben überwiegend deutlich gelassener und ruhiger durch ihr Leben. Einmal mehr können wir uns die lieben Vierbeiner zum Vorbild nehmen.

Stirb und werde!

Das Leben mit einer Katze bereichert das Dasein auf wunderbare Weise. Zudem erhalten wir zahlreiche neue Lern- und Entwicklungschancen. Samtpfoten vermögen unmerklich in jedem Augenblick ihres Daseins unsere Herzen zu öffnen und zu aktivieren. Wir können uns dem nur mit eisernem Willen und einem dicken Schutzpanzer verschließen. Nicht umsonst ist der Schmerz über den Tod des geliebten Wesens, der wieder Blockaden lösen kann und schlussendlich heilsam wirkt, unumgänglich.

Im Folgenden spanne ich einen Bogen über den Zeitraum rund um das Vergehen, den Tod sowie die Zeit danach. Hierbei kann es sich gleichermaßen um normale langsame Alterungsprozesse oder um unser liebevolles wie achtsames Begleiten eines längeren Leidensweges handeln. So oder so müssen wir das Dahinscheiden des geliebten Vierbeiners früher oder später akzeptieren und ihn loslassen. Ich weiß, wie schwer das sein kann. Als ich dieses Buch schrieb, dachte ich oft, dass es kein guter Zeitpunkt ist, ein Buch zu schreiben. Es war die Zeit des Abschiednehmens und des Sterbens meines viel geliebten vierbeinigen Gefährtens sowie die Trauerphase nach seinem Tod. Ich fürchtete, dass mir der Humor fehlen würde, weil Trauer und Traurigkeit vieles überlagerten. Das Spiel mit den Katzen war hilfreich.

Einem Sterbeprozess beizuwohnen sind die meisten von uns nicht mehr gewöhnt. Menschen kommen in ein Krankenhaus, in ein Pflegeheim oder in ein Hospiz. Selten werden sie, meist aufgrund der Berufstätigkeit der Angehörigen, nicht mehr von der eigenen Familie tagtäglich und rund um die Uhr umsorgt und gepflegt. Von der seelischen Belastung ganz abgesehen. Waren die Menschen früher stärker, hatten sie mehr Zeit oder hatten sie schlicht keine andere Wahl? Was auch immer der Grund sein möge. Der Prozess des Sterbens an sich, denn auch dieser ist ein Prozess, schenkt unter anderem die Möglichkeit, uns mit unserer eigenen Endlichkeit der physischen Präsenz auf Erden auseinanderzusetzen. Nicht nur das. Wir dürfen lernen loszulassen – liebgewonnene Menschen, Tiere, Vergangenheit sowie unter Umständen alte überholte Denkmuster, Einstellungen und Überzeugungen. Jeder von uns trägt sein höchst individuelles Paket an alten Geschichten mit sich herum. Wir können in diesem Zusammenhang von Programmierungen sprechen, die viele Ingredienzien wie etwa Inhalte unserer Ahnen, beinhalten. Die Kriegsgenerationen vor uns schleppten bereits große Lasten und wir lösen sukzessive auf, was nicht mehr benötigt wird. Eine interessante Zeit, in der wir leben. Es ist viel in Bewegung, im Innen wie im Außen. Unsere Katzen stehen uns unterstützend in all diesen Prozessen zur Seite. Beispielsweise könnten wir durch den Tod unseres geliebten Vierbeiners mit unterschwelligen Verlustängsten konfrontiert werden. Ich persönlich wohnte dem Tod eines nahes Menschen noch nicht bei. Sehr wohl war ich beim Sterben meiner und anderer Tiere, ob durch Euthanasie oder auf gänzlich natürlichem Wege, begleitend und unterstützend anwesend.

Woher kommt unsere Angst vor dem Sterben und dem Tod? Vermutlich hängt sie mit der Ungewissheit über das Danach ebenso zusammen wie mit der Angst vor einem möglichen schmerz- wie leidvollen Ableben. Generell neigt der Mensch dazu, Angst vor dem Unbekanntem zu empfinden. Ich allerdings meine, auf das Unbekannte ist im positivsten Sinne immer Verlass. Die Antwort ist daher wie so oft Vertrauen. Der Körper wird irgendwann zu Staub zerfallen. Ja. Die Seele aber, sie lebt ewig. In unser aller Leben sterben wir mehrere Tode und Sterben will geübt sein. Einlassen und Vertrauen sind auch hier die Stichworte. Widerstand ist leider oft unsere Antwort. Da uns dieser nicht weiterhilft, dürfen wir ihn getrost aufgeben. Das Ego darf im übertragenen Sinn sterben und davor hat es Angst. Im Grunde braucht es sich nur neu zu definieren, denn es war ohnedies immer Geist und hat es nur vergessen. In diesem Zusammenhang werden oft unterschiedliche Begriffe und Bezeichnungen benutzt, an die wir uns nicht klammern sollten. Sprache hat ihre Grenzen und kann sehr missverständlich sein. Außerdem ist der Verstand zu eng und klein, um vollends zu erfassen. Zugegeben, der Schmerz (physisch wie psychisch), stellte eine große Herausforderung in unserem Menschsein dar. Wir dürfen lernen, unser Leid in Licht und Liebe anzunehmen, nicht dagegen anzukämpfen sowie die Opferrolle gänzlich loszulassen. Hingabe an das Jetzt ist ein weiteres Stichwort. Das Morgen kümmert sich schon um sich selbst. Wer kämpft, vergeudet Kraft, wie es im daoistischen Wu Wei wunderbar beschrieben steht. Psychischer Schmerz wird geschwind abgespalten. Er bleibt allerdings länger im Körpergewebe gespeichert, als uns oft lieb ist. Verschiedene Körpertherapien können hilfreich sein, um mit diesem Schmerz umzugehen.

Schmerz und Leid sind große Entwicklungs- und Lernchancen. Sehr häufig wollen sie uns helfen, das Ego zu transformieren. Massive Schmerzzustände können uns wahrlich in die Knie zwingen. Es reicht bereits eine ausgewachsene Migräneattacke. In einer derartigen Verfassung geht nichts mehr. Wir sind einfach nur. In diesem bloßen Sein werden wir regelrecht dazu gezwungen, vollkommen gegenwärtig zu sein. Die Erde dreht sich stillschweigend weiter. Mehr als im Hier und Jetzt zu sein, schaffen wir beim besten Willen nicht. Wir werden auf unser bloßes Gewahrsein zurückgeworfen. Auch bei großem seelischen Leid, in Schocksituationen oder bei Schicksalsschlägen, wie etwa dem Verlust eines sehr geliebten Wesens, können wir einzig diesen einen Augenblick durchstehen. Der Sinn der Sache ist zu lernen, vollkommen gegenwärtig zu sein. Insbesondere das unerwartete, plötzliche Dahinscheiden eines sehr geliebten Seelenwesens, mit dem wir uns innig verbunden fühlten, kann uns den Boden unter den Füßen wegziehen. Auch wenn wir meinen, uns gut vorbereitet zu haben, kann das Gefühl der Fassungslosigkeit unbarmherzig nach uns greifen. Es mag für viele unverständlich klingen, jedoch ist auch in diesen Lebenssituationen unsere Hingabe an den Augenblick gefragt. Wir sind nicht alleine, erhalten immer Hilfe und unsere Aufgaben sind nie schwerer, als wir zu tragen und ertragen vermögen. In der Hingabe an diesen Augenblick werden wir uns unser selbst bewusster und vermögen zu erkennen, wer wir in Wahrheit wirklich sind. Denn, wir sind gewiss nicht die Rollen oder Funktionen, die wir durch viele Leben hinweg spielen. Zudem können wir unseren Auftrag hier auf Erden erkennen. Alles ist gut, wie es ist.

Katzes Gang über den Regenbogen

Begleiten wir unsere Mieze im letzten Lebensabschnitt, wird uns bewusst, dass nicht nur das physische Leben unserer Katze endet, sondern auch das gemeinsame Leben in der Welt der Formen auf der Erde sein Ende findet. Es ist wichtig, sich damit bewusst auseinanderzusetzen. Wir können uns darin üben, mit unserem Vierbeiner vermehrt telepathisch zu kommunizieren. Dies erfolgt bei unseren Tieren über mit Emotionen untermalten Bildern. Auf diesem Pfad vermögen wir unsere Katze auf den Weg in die andere Dimension vorzubereiten. Die letzte Zeitspanne vor dem Sterben können wir uns als eine Zeit der Vorbereitung für das Hinübergehen vorstellen. Es ist einzig das Ende in dieser physischen Hülle und zugleich wie eine Neugeburt. Bei einer sehr innigen Bindung ist es auch für unsere Mieze nicht immer leicht loszulassen, insbesondere wenn wir festhalten. Manche bleiben für uns hier und quälen sich zu lange. Daher teile ich meinen Vierbeinern unter anderem mit, dass sie nicht wegen mir hier zu bleiben brauchen. Dass, wenn ihr Körperchen schon sehr schwer wird, sie gehen sollen und können. Ich sende ihnen mit fröhlichen Emotionen untermalte Bilder, wie etwa eine wunderbare Wiese mit einem verstorbenen tierischen Freund, der am anderen Ende des Regenbogens bereits auf sie wartet. Ich bemühe mich, ihnen zu vermitteln, wie leicht das fröhliche Springen ohne den schweren alten physischen Leib für sie ist.

Auch geliebte Menschen sollten wir loslassen und gehen lassen. Bei den eigenen Kindern und den Eltern ein oft besonders schwieriger Prozess. Natürlich können wir ihnen ebenso solch fröhlich-leichte Bilder malen wie den Tieren. Wenige Stunden vor dem Dahinscheiden meiner Urgroßmutter sahen wir einander tief in die Augen und ich spürte, dass sie gehen wird. Ebenso nahm ich wahr, dass auch sie es wusste. Wir kommunizierten und verstanden einander ohne Worte.

Da unsere Miezen umgekehrt auch uns oft Informationen zukommen lassen wollen, ist es wichtig, immer wieder genau in uns hineinzuhören und -zuspüren. Um ungetrübter zu senden und zu empfangen, machen wir uns im Vorfeld innerlich leer. Zu rasch mischen sich menschliche Emotionen und Gedanken blockierend oder verfälschend dazwischen. Mit ein wenig Übung werden wir alsbald ihre Bilder und Mitteilungen erhalten. Oft teilen sie uns bereits vor ihrem Dahinscheiden mit, dass sie bald von der Erde und aus dem gemeinsamen Leben gehen werden. Vertrauen wir mehr und mehr auf unsere innere Stimme, unsere Intuition, unser Bauchgefühl! Verfeinern wir unsere Spürwahrnehmung. Auch bezüglich einer tierärztlichen Begleitung und einer möglichen Euthanasie. Wir können unsere Katze fragen, ob für sie die Euthanasie der rechte Weg ist. Wir wünschen uns alle das sanfte Einschlafen unseres Vierbeiners. Die Realität sieht häufig anders aus. Jedes Lebewesen stirbt auf seine individuelle Weise. Man könnte sagen, es ist etwas sehr Persönliches oder sogar etwas sehr Intimes. In der Endphase des Sterbeprozesses stellen Katzen meist ihr Schnurren ein und ihr Blick ist matter bis hin zu entrückt. Mit anderen Worten können wir in ihren Augen erkennen, wenn ihre Zeit zu gehen gekommen ist. Leider überlagern manchmal unsere Sorge, Schmerz und Angst unsere feinen Wahrnehmungen. Einmal mehr ist Vertrauen die Lösung. Der plötzliche Tod der geliebten Samtpfote, wie etwa bei einem Unfall, ist ein Schock. Sehr oft erlebte ich das in meiner Kinder- und Jugendzeit. Leider kamen einige unserer Katzen im Straßenverkehr zu Tode. Sehr plötzlich aus dem Leben gerissen zu werden, kann für beide Seiten schwer sein.

Es ist kein leichter Weg, egal ob uns ein plötzliches Dahinscheiden unseren Vierbeiner nimmt oder eine Krankheit ein langsames Vergehen hervorbringt. In beiden Fällen müssen wir bewusst loslassen. In unserem Innersten spüren wir das Vergehen und den nahenden Tod, sofern der Verstand nicht ständig dazwischenplappert. Unsere Miezen treten zum rechten Zeitpunkt in unser Leben und sie gehen, wenn es richtig und/oder sogar wichtig für uns ist. Wir haben unsere Absprachen längst getroffen, ob wir uns an diese erinnern, steht auf einem anderen Blatt Papier geschrieben.

Da unsere Fellpfoten wissen, wenn wir mit ihrem Weggehen ein Problem haben, bemühen sie sich, uns sanft auf ihren Gang über den Regenbogen vorzubereiten sowie mit ihrem Tod besser zurechtzukommen. Zum Beispiel werden sie krank, damit wir uns mit ihrer Endlichkeit auseinandersetzen und nicht zu geschockt durch ihren Tod sind. Sie wählen den Weg so schonend wie möglich für uns sowie unserer jeweiligen Lern- und Entwicklungsaufgabe entsprechend. Ob wir in der Lage sind, das zu erkennen und wahrzunehmen, ist eine andere Frage. Unsere innige Bindung ist eine Voraussetzung oder zumindest förderlich. Da wir generell gerne anhaften, ist der notwendige Loslassprozess oftmals ein schweres Unterfangen. In unserer Welt der Materie bleibt eine große Lücke, wenn unser geliebtes Wesen seinen Körper verlassen hat. Die physische Präsenz kann unerträglich fehlen.

Noch heute erinnere ich mich an die Bilder, die mir mein geliebter Vierbeiner Wochen vor seinem Tod übermittelte. Sie zeichneten wie in einer Art Tagtraum ein sehr klares Bild, wie er sterben wird und dass es gut so ist. Erst nach seinem Dahinscheiden erinnerte ich mich daran und begriff. Oft verdrängen wir derartige Erfahrungen oder geben ihnen im Wachbewusstsein keinen Raum, weil sie schwer mit dem Verstand zu fassen sind oder wir sie einfach nicht wahrhaben wollen. Mit dieser Fellnase fühlte ich mich vom ersten bis zum letzten Augenblick besonders innig verbunden. Obwohl ich bedingt durch seine chronische Erkrankung und weil er spürbar durchscheinender wurde und sich in einem langsamen Prozess des Vergehens befand wusste, dass er bald gehen würde, überfiel mich bei seinem Tod das Gefühl der absoluten Fassungslosigkeit. Im Grunde genommen war dieses Gefühl irrational, denn aufgrund seines Alters und seines Gesundheitszustandes war sein Ableben vorgezeichnet. Irgendetwas in mir meinte, er würde ewig leben. In einer anderen Form und Dimension tut er dies auch. Im Zuge dieser Erfahrung erkannte ich, dass unsere inneren Bilder keineswegs immer uns selbst oder einer hellsichtigen Begabung entspringen müssen. Häufig handelt es sich um telepathisch übersandte Nachrichten von unseren Tieren. Ist das nicht wunderschön?

Die letzte Lebensphase gemeinsam verbringen zu dürfen, ist ein wahres Geschenk. Eine zutiefst berührende Zeit. Selbst wenn wir immer wieder, wenn auch manchmal unbewusst, traurig gestimmt sind. Wir sollten diese Zeit nutzen und sehr bewusst mit ihr umgehen. Die letzte gemeinsame Phase ist enorm wertvoll und vermag uns, unserem innersten Kern näherzubringen. Manchmal ist der Schmerz tatsächlich das Zerbrechen der Schale oder zumindest das Lockern mancher Verkrustungen, die unser Herz umschließen. Wichtig ist es, immer wieder gut in uns hineinzuspüren. So schwer das Loslassen sein mag, wir sollten aus Liebe unsere Samtpfote in Würde gehen lassen. Zuvor schenken wir ihr eine möglichst fröhliche und schmerz- wie stressfreie letzte Zeit.

Nach dem Dahinscheiden unseres befellten Gefährten machen wir uns häufig Vorwürfe, die der Situation nicht angemessen sind. Ein schlechtes Gewissen nagt an uns, ob wir denn alles für unser Tier getan haben. Wir zermartern uns das Hirn, was wir besser hätten machen können, ob wir etwas übersehen haben oder ob der Zeitpunkt des Todes richtig gewählt war. Wir taten unser Bestes, mehr geht nicht. Auch wenn uns die sorgsam-liebevolle Pflege unseres alten kranken Vierbeiners durchaus auch an die Grenzen der Belastbarkeit führen kann, so wollen und versuchen wir meist mit allen uns zur Verfügung stehenden Mitteln, das Gehen unserer geliebten Mieze zu verhindern. Mit aller Macht sind wir bestrebt, das Unausweichliche aufzuhalten oder zumindest hinauszuzögern. Wir wollen und können oft nur schwer die Wahrheit sehen und ertragen. Unser Schmerz und unsere Angst sind nur zu menschlich. Wobei Gefühle im Grunde nur die chemischen Folgen oder Rückmeldungen unserer früheren Erfahrungen sind. Denken wir daran, dass wir uns täglich selbst neu zu erschaffen vermögen.

Wie oft hörte ich von Tierhaltern nach dem Tod ihres Vierbeiners, dass sie ihrer Ansicht nach zu lange gewartet hätten mit der Euthanasie. Das Loslassen ist wie gesagt schwer. Auch ich kann ein Lied davon singen. Ein Trauerlied. Dennoch trifft Hermann Hesse in seinen Zeilen, dass jedem Anfang ein Zauber innewohnt, den Nagel auf den Kopf. Jedes Ende beinhaltet gleichzeitig einen Neuanfang. Auf beiden Seiten. Damit es uns leichter fällt, stoßen uns manchmal die lieben Vierbeiner beinahe brutal auf das Loslassen – etwa durch eine plötzliche lebensbedrohliche Erkrankung oder einen schweren Unfall. Bei aller Vorbereitung kann sich der Tod der geliebten Fellnase wie ein Schock für uns anfühlen.

Das »normale« Sterben unserer Katze zu Hause vor unseren Augen kann nicht eintreten, wenn wir es nicht in unserem Bewusstsein tragen. Mit anderen Worten müssen wir diese Möglichkeit bewusst zulassen. Die oft unbewusste Angst, dem natürlichen Sterbeprozess Gesellschaft zu leisten, kann uns blockieren und den natürlichen Tod unseres Vierbeiners vor unserer Nase verhindern. In unserem Denken ersehnen wir das friedliche Entschlafen unserer Katze, unbewusst setzt Angst Grenzen. Wenn wir das »normale« Sterben unserer Miezen andenken, dann meist in verklärter Form, weil uns die Erfahrungswerte großteils fehlen oder weil wir erschreckende Erlebnisse damit verbinden. Vielleicht mussten wir als Kind unerwarteten Todesfällen beiwohnen und wurden mit dem Erlebten uns selbst überlassen. In Wahrheit ist Sterben nicht immer schön anzusehen. In der heutigen Zeit werden die meisten Tiere euthanasiert, um ihr Leiden zu verkürzen. Das ist durchaus in den überwiegenden Fällen angebracht. Gleichzeitig hege ich den kleinen Verdacht, dass manchmal die Euthanasie auch dazu dient, selbst den Tod und das Sterben noch unter Kontrolle zu halten, sowie um selbst möglichst wenig Leid zu erfahren. Wenn auch häufig auf unbewusster Ebene und gewiss bei Weitem nicht in allen Fällen. Am Sterbeprozess des anderen teilzunehmen ist sehr intim. Wie bereits erwähnt, sind unsere Tiere in der letzten Phase des Sterbens wie weggetreten, ihr Blick ist verändert und sie nehmen auch uns nicht mehr im gleichen Maße wahr wie bisher. Wir dürfen es im Zuge des Sterbeprozesses nicht persönlich nehmen, wenn sich unser geliebter Vierbeiner von uns abwendet. Die »Beziehung« zu ihrem Körper verändert sich deutlich. Die Seele zieht sich zurück, verlässt das physische Gewand. In Liebe bleiben wir über den Tod verbunden, jedoch können wir nie wieder über das weiche Fellchen streicheln. Ich empfinde unendliche Dankbarkeit, dies bei einer besonderen Tierseele in meinem Leben miterlebt zu haben. Es war das letzte Geschenk, dass sie mir bereitet hat.

Innig verbunden

Haben Katze und Mensch einander in einer beiderseits sehr bedürftigen Zeit gefunden, lassen sie sich unter Umständen besonders intensiv bis symbiotisch auf einander ein. Als Folge kann eine besonders innige Bindung zwischen ihnen erwachsen. Beispielsweise sind wir für ein zu jung von seiner Mutter getrenntes Katzenbaby Mutterersatz. Die zu frühe Trennung kann für das Kätzchen traumatisch gewesen sein. Vielleicht tragen auch wir die eine oder andere versteckte Traumatisierung in uns. Immerhin stehen Emotionen mit unsere Vergangenheit in Verbindung. Zumindest fühlen wir uns bedürftig und dünnhäutig wie das kleine befellte Geschöpf in unseren Händen. Wenn das gemeinsame Leben sehr intensiv wie innig war, hinterlässt das Dahinscheiden des geliebten Wesens eine besonders große Lücke und Leere im irdischen Sein. Da jede Beziehung und jede Bindung anders ist, sollte man auch in diesem Fall keine Vergleiche anstellen.

Hegen wir einen unerfüllten Kinderwunsch, kann dieses Katzenkind eine Art Kindersatz im positiven Sinne werden. Wir können endlich unsere Muttergefühle hingebungsvoll ausleben. Wir dürfen fürsorglich sein. Zugleich achten wir natürlich darauf, dass die rein kätzischen Bedürfnisse gestillt sind. Sonst wäre es ein Missbrauch an dem Tier. Um Muttergefühle zu entwickeln, braucht es keine leiblichen Kinder. Auch ein Adoptivkind vermögen wir wie unser leibliches Kind zu lieben. Ebenso ist es mit einem geliebten tierischen Geschöpf. Vielleicht sind es eher bestimmte Auslöser, auf die wir anspringen. Kinder lassen sich besonders intensiv auf Vierbeiner ein und manchen Erwachsenen bleibt zum Glück diese Ebene erhalten.

Das Dahinscheiden seiner geliebten Fellnase kann als ebenso schmerzvoll empfunden werden wie der Tod eines menschlichen Freundes, Partners oder sogar eines Kindes.

Da uns Tiere im Vergleich zu anderen Menschen weniger schnell bis gar nicht verletzen oder zurückweisen, fällt es oft leichter, sich auf einen Vierbeiner einzulassen. Die Gefühle sowie die Verbundenheit werden entsprechend intensiv und tief wahrgenommen. Wir sollten uns vor vorschnellen Urteilen immer hüten. Wesentlich ist es, mit dem Schmerz des anderen respektvoll, mitfühlend und achtsam umzugehen. Wer will sagen oder die Messlatte anlegen, welcher Schmerz größer ist?

Insgesamt gehen meiner Beobachtung nach Tiere mit Leid und Schmerz anders um als der Mensch. Das soll bitte keinesfalls falsch verstanden werden. Schmerzen können für unsere Mieze sehr belastend sein. Unsere Katzen empfinden aktuelle Schmerzen, Angst, Trauer und/oder Freude wie der Mensch. Auf der einen Seite verdrängen wir manchmal aus einem Gefühl der Hilflosigkeit heraus, wie es unserem Tier wirklich geht. Einige wollen nicht sehen, dass Tiere überwiegend still und nur selten laut klagend leiden. Auf der anderen Seite neigen wir dazu, unser Schmerzempfinden den Tieren überzustülpen. Oft schon überlegte ich, wie die von einem Löwen getötete Antilope oder die von der Katze erbeutete Maus den Schmerz und die Angst empfinden mögen. Besagtes Töten dient der Ernährung spezialisierter Beutegreifer und hat in der Natur seinen Sinn. Es mag für uns grausam wirken, aber ist es das auch für das erbeutete Tier? Wir spüren und werten aus unserer menschlichen und subjektiven Wahrnehmung heraus. Es gibt vermutlich Unterschiede, wie fest der Geist im Körper eines Lebewesens verankert ist. Da Tiere herkömmliche »normale« Schmerzen besser zu ertragen scheinen als wir Menschen, lässt das die Vermutung zu, dass ihr Geist weniger tief in ihrem Körper steckt. Der Geist kann sich dadurch rasch von dem Körper entfernen, wenn etwa die Maus von der Katze getötet wird. Daher bleibt der Geist unberührt. Dies bezieht sich rein auf die natürlichen Prozesse des Lebens. Ich bin mir hingegen absolut sicher, dass Tiere sehr wohl leiden, wenn wir ihnen bewusst Leid zufügen wie etwa bei Tierversuchen oder in der Massentierhaltung. Das kann für uns Menschen nicht ohne Konsequenzen bleiben. Wahre Höllenqualen fügen wir den Tieren zu und meiner Ansicht nach lässt sich über das Leid eines anderen Lebewesens niemals die Heilung einer Erkrankung finden. Das ist unmöglich. Aus Not, Leid und Schmerz kann niemals Gesundheit erzeugt werden. Der Tod kann unmöglich neues Leben erschaffen. Indem wir das Leid der Tiere vergrößern, schaffen wir auch Leid unter den Menschen.

Trauer

Viele Stubentiger trauern bei dem Verlust des kätzischen Freundes und des vertrauten Menschen. Mitbestimmende Faktoren sind die Qualität der Beziehung, die Bindung sowie der Grad der Verbundenheit. Wir sollten unserer Katze die Möglichkeit einräumen, sich von ihrem Artgenossen verabschieden zu können. Indem wir unsere Fellpfote im Beisein ihres Artgenossen einschläfern, helfen wir ihr, rascher zu erfassen, was mit dem Partner geschehen ist und verhindern, dass sie ihren verstorbenen Freund suchen muss. In den ersten Wochen danach können wir unserem trauernden Vierbeiner allein mit unsere liebevollen Zuwendung beistehen. Des Weiteren sollten wir täglich fröhlich motivierende Jagdspiele in den Alltag einfließen lassen. Telepathisch in Form von mit Emotionen unterlegten Bildern zu kommunizieren, kann zusätzlich unterstützend wirken. Tiere trauern zwar wie wir, das menschliche Opferrollendasein ist ihnen jedoch gänzlich fremd. Am besten betrachten wir die Opferrolle als eine Art Kostüm oder Anzug. Beides können wir jederzeit ablegen. Zum Wohle aller und für das Gesamte bestimmen und entscheiden wir, wie wir etwas haben wollen. Immerhin geht es stets um das Ganze. Die Umstände mögen sein wie sie sind. Immer wieder entscheiden wir bewusst, auf welchen Energiebahnen wir durch unser Leben surfen. Werden wir uns unserer Macht bewusst! Die größten Erfolge sind jene über uns selbst.

Über den Tod hinweg vermögen wir verbunden zu bleiben. Die universelle allumfassende Liebe ist es, die zwischen Leben und Tod verbindet. Liebe ist ewig, sie bleibt und vereint. In Wahrheit gibt es keine Trennung, das haben wir nur vergessen. Allerdings kann die nur allzu menschliche Trauer alles überlagern, sodass wir die Energiespur nicht wahrnehmen. Hilfreich sind Rituale, die wir bereits zu Lebzeiten eingeführt haben, wie etwa gemeinsame Kuschel-Meditationszeiten. An diesen Ritualen können wir nach dem Ableben unserer Katze andocken und leichter Kontakt aufnehmen. Natürlich ist das alles jetzt sehr vereinfacht ausgedrückt. Da wir in der Welt der Formen leben, fallen uns Erklärungen in der Formensprache leichter. Wir Menschen wollen alles mit dem Verstand verstehen, sehen und erfassen können. Auf jeden Fall ist es ein unglaubliches Erlebnis, wenn wir die Nachricht empfangen, dass es unserem Vierbeinern gut geht. Es ist ein Eintauchen und Baden in unendlicher Liebe und Glückseligkeit. Tiefer Frieden, Harmonie und unendliche Dankbarkeit breiten sich im Innersten aus. So muss sich der Himmel auf Erden anfühlen, dachte ich, als ich dies erlebte. Manchmal können wir unsere verstorbene Samtpfote in Form eines Schattens oder eines kalten Windhauchs wahrnehmen. Außerdem können wir sie in einer sich ausbreitenden inneren Wärme spüren. Am liebsten würden wir die Toten wieder in Gestalt und Form vor uns haben. Die Verstorbenen können jegliche Form annehmen, das ist nicht das Problem. Ich persönlich benötige nicht die Form, ich spüre die Energie. Einerseits lassen wir das geliebte Wesen bewusst los und andererseits bleiben wir achtsam verbunden. Einmal mehr geht es um das rechte Maß. Natürlich fehlt die physische Präsenz. Die Berührungen des weichen Felles, das Kuscheln waren wichtige Bereiche der Gemeinsamkeit. Es ist alles nur anders, als wir es bisher kannten.

Unsere Vierbeiner bemühen sich, uns auf ihr Fortgehen vorzubereiten. Es liegt an uns, das wahrzunehmen. Bleiben wir wachen Auges und sehr bewusst, dann können wir ihre Botschaften empfangen. Genießen wir mit jeder Faser unsere gemeinsam verbrachten Momente. Sie sind in unserer schnelllebigen Zeit ein sehr hohes Gut und wir können lange davon zehren. Die äußeren Dinge sind unwichtig. Die Liebe zählt. Die Liebe bleibt!

Hat meine Mieze ein Bewusstsein?

Die Geister scheiden sich an der Frage, ob unsere Katzen ein Bewusstsein haben, doch beantworte ich diese Frage mit einem klaren Ja. Mein gesamtes Leben ist von Tieren geprägt, meine Liebe und Verbundenheit nicht in Worte zu kleiden. Natürlich haben diese wunderbaren Geschöpfe ein Bewusstsein. Ob man es eins zu eins mit dem menschlichen vergleichen kann, sei dahingestellt und tut auch nichts zur Sache. Vielleicht ist das tierische Bewusstsein ein wenig anders. In diesem Punkt will ich mich in Bescheidenheit üben. Der Mensch ist keinesfalls das Maß aller Dinge, auch wenn er zu gerne über die Tiere bestimmt und auf deren Recht vergisst. Egal, ob es sich um unsere Mieze, unseren Hund, das Pferd oder das Schwein handelt: Sie alle haben die gleichen Rechte wie wir.

Eine eindeutige klare Definition für Bewusstsein gibt es nicht und muss es meinem Dafürhalten auch nicht geben. Vieles erfassen wir besser intuitiv aus unserem innersten wahren Kern heraus als mit unserem kleinen Verstand. Wie so oft diskutieren die Geister der Gelehrten verschiedener Wissenschaftsbereiche auch diese Bereich reichlich. Wir Menschen lieben Zahlen, Statistiken und Forschungsobjekte. Häufig verschanzen wir uns regelrecht dahinter. Alles muss messbar und zählbar gemacht werden.

Allgemein formuliert ist und trägt Bewusstsein als solches den Drang nach Ausdehnung und Erweiterung in sich.

Es will sich entwickeln. Bevor wir bewusster zu leben verstehen, dürfen wir uns darin üben, bewusster zu sein. Dies bedeutet gegenwärtig zu sein und setzt unsere Hingabe an den gegenwärtigen Augenblick voraus. Denn nur auf diesen haben wir Einfluss. Unterstützend wirkt unter anderem Meditation. Katzen verfügen über eine angeborene Begabung, in die Stille zu gehen. Auch wir sollten regelmäßig unseren inneren Ort der Stille aufsuchen. Den Ort des tiefen Friedens, wo alles gut ist, wie es ist. Katzen leben uns dies vor. Im vollkommenen Gegenwärtigsein finden wir eine wichtige Voraussetzung für ein glückliches, zufriedenes Dasein. Wir sind nicht unser Körper. Unser Körper ist einzig das Werkzeug unseres Bewusstseins.

Unter anderen suchen Neurowissenschaftler nach handfesten Antworten auf die Frage, ob Tiere ein Bewusstsein haben. Da wir Menschen immer wieder das Bedürfnis in uns tragen, alles messen zu müssen und mit unserem engen Verstand zu analysieren versuchen, um zu verstehen, wird manches zu Tode gedacht. Dabei wird die Kluft zu unserer Intuition und zu unserem ureigensten inneren Wissen größer und größer. Wir sollten uns nicht immer auf Statistiken und Zahlen verlassen, und stattdessen auf unsere innere Stimme hören. Die schlussendlichen Wahrheiten und Antworten finden wir in uns selbst. Wir sollten zudem demütiger und dankbarer werden. Wir sind viel zu sehr in Identifikation mit unserem Denken und unserem Verstand, der im Grunde nur ein braver Diener ist. Vielmehr meine ich, dass das Gehirn denkt und das Herz wissend ist.

Für uns Menschen gelten Sprache und Selbstreflexion als Kennzeichen für das »höhere« Bewusstsein. Kriterien, die wir Menschen anlegen. Nur weil mir meine Mieze nicht mitteilt und/oder ich nicht verstehe, wie sie sich selbst in ihrer Umwelt erfährt, bedeutet das für mich noch lange nicht, dass Katzen kein Bewusstsein in sich tragen. Auch ein Säugling kann mir das nicht mitteilen und ich spreche ihm keineswegs jegliches Bewusstsein ab. Vielleicht liegt das Problem auch darin, dass wir der Mieze Sprache nicht verstehen. Wir sollten die Kriterien für Bewusstsein ändern. Immerhin gibt es weit mehr bewusste Erfahrungen, wie auch der Schmerz einer ist. Ich glaube nicht, dass wir heute noch dem Seelenwesen Katze Schmerz absprechen können.

Als Maßstab für das Bewusstsein galt der »Rouge«-Test. Hierzu wird einem Probanden ein Farbklecks im Gesicht verpasst und derart verschönert wird er vor einen Spiegel gesetzt. Wischt er sich den Klecks aus seinem Antlitz, muss er sich folglich seiner selbst bewusst sein. Menschliche Kinder vermögen dies ab einem Alter von zwei Jahren. Die Frage stellt sich nun, wie relevant ein wenig Farbe im Gesicht für ein Tier ist? Delfine, Schimpansen und auch Elefanten bestanden derartige Versuchsreihen. Dennoch ist für mich dieser Test nicht aussagekräftig genug. Womöglich ist meiner Katze ein Farbtupfer auf ihrer Stirne schlicht vollkommen gleichgültig. Immerhin verursacht dieser weder Schmerzen noch besonders glückselige Gefühle. Wir wissen es nicht und daher sollten wir mit vorschnellen Urteilen vorsichtig sein.

Ebenso wurden mit Katzen und Hunden die »Spiegelversuche« durchgeführt. Anfänglich sind sie meist an ihrem Spiegelbild interessiert, jedoch verfliegt das Interesse mit der Zeit. Meiner Ansicht nach ist es nicht zulässig, aus ihrem Verhalten den Schluss zu ziehen, dass sich Katzen und Hunde nicht erkennen. Vielleicht erscheint ihnen ihr Spiegelbild nicht wichtig! Katzen und Hund kommunizieren ausgiebig über Gerüche und wir wissen, dass sie sich selbst sehr wohl an ihrem Geruch erkennen. Wir müssen uns immer in unsere Tiere sowie ihre Wesen und ihr Leben hineinversetzen. Niemals sollten wir von uns auf andere schließen. Katzen erkennen ihre eigenen Harnmarkierungen. Was hätten Katzen davon, sich ausgiebig im Spiegel zu beobachten und zu besehen? Viel wesentlicher im Leben unserer Stubentiger ist es, ihre, Artgenossen zu beobachten und zu kontrollieren. Das macht ihr Leben vorhersehbarer und damit sicherer. Wie wir wissen, ist Sicherheit für unsere Miezen ein oberstes Gebot. Sind sie doch gar rasch besorgte Geschöpfe. Wir können das Ergebnis des Spiegeltests umkehren und sagen, dass Katzen im Spiegelbild sehr wohl ihr Abbild erkennen, eben weil sie es nicht weiter beobachten oder zu kontrollieren versuchen, wie sie es mit Artgenossen gemeinhin tun. Allerdings benötigen sie manchmal mehrere Anläufe. Im Gegensatz hierzu stehen die Beobachtungen, dass etwa Vögel und Fische sehr häufig ihr Spiegelbild attackieren oder anbalzen. Demnach scheinen sie im Spiegelbild einen vermeintlichen Artgenossen zu erkennen.

Am Neurosciences Institute in San Diego, USA, erstellten 2003 Anil K. Seth, Bernard J. Baars und David B. Edelmann eine Liste von siebzehn Kriterien für ein Bewusstsein von Mensch und Tier (Säugetiere und einige Vögel). Diesem liegen bestimmte Aktivitätsmuster im Gehirn zu Grunde, die nur im Zusammenhang mit bewusstem Erleben sowie Zuständen zu beobachten sind. Es finden sich deutliche Unterschiede in der Gehirnaktivität, je nachdem ob es sich um eine bewusste Wahrnehmung handelt oder nicht. Ob es sich bei all ihren Untersuchungsergebnissen um »Bewusstseinspuren« handelt, lässt sich diskutieren. Zumindest können wir die Ergebnisse der Wissenschaftler als Hinweise für eine Signatur des Bewusstseins nehmen. Meines Erachtens nach sollten wir das besondere Nervengeflecht des Herzens bei den Betrachtungen über Bewusstsein nicht außer Acht lassen. Wir Menschen dürfen bescheidener und demütiger werden. Unter anderen beschreibt Dr. Joe Dispenza in seinem Buch »Werde übernatürlich« das Herz als ein Sinnesorgan, das uns als Führer dient. Seit der Mensch Informationen auf Steintafeln oder in Form von Höhlenmalereien weitergab, galt das Herz als ein Symbol für Weisheit, Intuition, Gesundheit, Führung und einer höheren Intelligenz. Dieser Anspruch ging etwas verloren. Nun kehren wir zu unserem alten Wissen zurück. Das Herzzentrum nimmt auch unter den Chakren eine Sonderstellung ein. Wir alle sind komplexe sowie holistische Geschöpfe und vieles ist mit unserem kleinen Verstand nicht fassbar.

Es liegt nahe, dass das Herz mit dem Gehirn kommuniziert. Dies in einem großen Maße über Nervengeflechte und ebenso über Hormone und Neurotransmitter. Nicht zu vergessen die zahlreichen Rezeptoren. Mit einfachen Worten verfügt das Herz über ein eigenständiges neuronales System, das wiederum mit dem Gehirn in Verbindung steht. Wir sprechen nicht umsonst von Herz-Gehirn. Wenn auch seine Pumpleistung phänomenal ist, so hält es gewiss nicht bloß den Blutkreislauf in Schwung. Letztendlich kommunizieren alle Zellen des Organismus miteinander. Die Zellen halten wiederum einen Plausch mit unseren Gedanken und Einstellungen. Unsere Zellen sind sehr intelligent. Genaugenommen müssen wir nicht alles mit dem Gehirn vergleichen oder als Hirn bezeichnen. Wir glaubten viel zu lange an die Übermacht des Gehirns, dass nur das Gehirn alles steuert und lenkt. Bis hin zu dem Sitz des Bewusstseins im Gehirn. Dies passt zu unserer Identifikation mit dem Denken und der Glorifizierung des Verstandes. Der Mensch ist nicht das Maß aller Dinge.

Selbst-bewusste Mieze

Jeder Katzenhalter weiß um die großen Verschiedenheiten unter seinen Miezen. Es gibt die selbstbewussteren und die weniger selbstbewussten unter ihnen. Die ranghohen und oft sehr souveränen Spitzentiere, die Despoten, die Rangniederen und manchmal rasch zu verunsichernden Miezen und zuletzt die Paria, die in der Miezengesellschaft selten etwas zu lachen oder mitzureden haben. Die Rangverhältnisse unserer Stubentiger sind überwiegend von relativer Natur und nicht starr. Allerdings gibt es Einschränkungen wie etwa an der Mutterzitze, zwischen Rivalen und häufig an der Futterschüssel, wo wir durchaus auch absolute Rangordnungen vorfinden. Interessant in diesem Zusammenhang ist die Rollenverteilung in Menschenfamilien. Oft werden Kindern bestimmte Rollen zugewiesen und/oder sie übernehmen diese. Beispielsweise das Mädchen, das in die viel zu großen Schuhe der Mutterrolle schlüpft, weil diese ausfällt. Der despotische Sohn, der als Erstgeborener Sonderrechte eingeräumt bekam. Der erfolglose sensible Künstler, der nie den Vorstellungen entsprach. Einzig wir selbst können uns befreien.

Ein gesundes Selbstbewusstsein ist uns Menschen genauso wenig immer in die Wiege gelegt wie den Katzen. Indem wir sie aufmerksam beobachten, erkennen wir deutlich, was eine aufrechte Körperhaltung, ein selbstsicheres, souveränes Auftreten im Gegenüber bewirken kann. Und was umgekehrt eine geduckte unsichere Haltung bei dem anderen bewirkt. Wir können ein Spiel daraus machen und testen, wie Menschen auf unser unterschiedliches Auftreten reagieren beziehungsweise Freunde und Bekannte befragen, wie sie uns wahrnehmen. Selbst- und Fremdwahrnehmung decken sich nicht immer.

Das Selbstbewusstsein unserer Fellpfoten spiegelt sich bereits bei der ersten Begegnung an ihrer Silhouette deutlich wider. Sehr selbstbewusste Katzen schreiten förmlich herein, wenn sie einen Raum betreten. Ihre Körperhaltung ist entspannt, offen und zugleich erhaben. Sie scheinen ein wenig über den Dingen zu stehen. Insbesondere ältere, erfahrene, weise Vierbeiner vermögen eine unglaubliche Souveränität auszustrahlen und wirken häufig therapeutisch in einer Miezengesellschaft. Sie sind meist tolerant und wirken ausgleichend bis harmonisierend. Zugleich ist ihre Präsenz von einer gewissen Unaufdringlichkeit geprägt. Wie souveräne Menschen müssen auch sie nichts beweisen. Sie ruhen in sich. Interessant ist, wie sich andere Katzen diesen Stubentigern gegenüber verhalten. Jeder scheint ein entspanntes, gutes Auskommen mit ihnen zu pflegen und sich in ihrer Nähe wohlzufühlen. Ich hatte die Ehre solche Vierbeiner kennenlernen zu dürfen, privat wie beruflich. Sally und Jakob waren zwei davon.

In den wilden Sturm- und Drangjahren gepaart mit Langeweile können hingegen sehr selbstbewusste Kater den Mitbewohnern ihrer Katzen-WG das Leben schwer machen. Wahre Despoten können sich entwickeln. In diesen Fällen sind wir Menschen gefordert, strukturierend wie regulierend einzuwirken. Inwieweit sich Katzen mit Artgenossen verstehen, ist höchst individuell und hängt von verschiedenen Parametern ab. Zum Beispiel ist nicht jede Katze gesellig und die Toleranzen, das Revier zu teilen, sind unterschiedlich ausgeprägt. Da der Aufbau einer entspannten Sozialstruktur innerhalb der Miezengesellschaft stark von der Individualität der Miezen abhängt, ist bei der Gründung einer Katzen-WG neben dem Alter und dem Geschlecht sehr auf das jeweilige Wesen, den Charakter und die Persönlichkeit der Miezen Rücksicht zu nehmen. Geschwisterpaare haben zwar gute Karten für ein harmonisches Zusammenleben, dennoch ist die bereits an den Zitzen der Mutter etablierte absolute Rangordnung zwischen den Katzen nicht zu unterschätzen. Im Zuge des Älterwerdens können Reibereien zwischen ihnen sukzessive heftiger ausfallen. Wobei zu beachten ist, dass der Ranghöhere eher selten der Angreifer ist oder gar immer als Sieger einer Auseinandersetzung hervorgeht. Hier finden wir Ähnlichkeiten zu Menschengeschwistern. Selbst wenn wir die Rolle des Versagers, der Dienerin oder des Erfolgreichen abgelegt haben, nehmen uns die anderen oft weiterhin in der alten Rolle war. Eigenverantwortlich nehmen wir unser Leben in die Hand und wandern eventuell genauso ab, wie es Katzen tun.

Im Allgemeinen sind die Spitzentiere einer Gruppe unter anderem dadurch erkennbar, dass sie unangefochten bestimme Ruheplätze einnehmen. Häufig gehen sie als Erste an die Futterschüssel. Despoten in der Miezengesellschaft nehmen gerne fixe Ruheorte ein und diese bleiben überwiegend unangefochten. Durchaus können sie ab und an gnädig sein und auch einmal einem Rangniederen den Platz überlassen. Insgesamt sind die Rangniederen bei kleineren Reibereien häufiger die Angreifer, wobei sie allerdings meist auch zuerst das Weite suchen. Schön zu beobachten ist das einfache, kurze Zurücklegen der Ohren der Spitzentiere bei Begegnungen. Es geschieht fast unmerklich wie im Vorbeigehen. Dieses Beispiel macht deutlich, dass die jeweilige Ausdruckskraft in der Kommunikation bei Begegnungen weit seltener ein Gradmesser für die Stimmungslage der Katze, sondern meistens der Spiegel für die soziale Situation darstellt. Häufig entgehen uns diese feinen Kommunikationssignale unserer Stubentiger.

Die Diven unter den Kätzinnen stehen ebenso gerne selbstbewusst im Mittelpunkt wie menschliche Diven. Sie dulden ungern Nebenbuhler, die ihnen die Show stehlen. Das ist eine sehr vermenschlichte Beschreibung, Denn auch das Verhalten einer Diva wird von dem Grad des Bedürfnisses nach Geselligkeit, der Bereitschaft, das Revier zu teilen, sowie vom Streben nach sozialem Status, der Vorrechte gewährleistet, beeinflusst. Als Basis möchte ich die sozialen Kompetenzen ebenso wenig unerwähnt lassen wie Erfahrungen im Vorfeld. Traumatisierte Miezen werden sich beispielsweise anders verhalten als eine Katze mit ausreichend Urvertrauen.

Ähnlich wie bei uns Menschen finden wir auch zwischen Kater und Kätzin Unterschiede im Auftreten und Verhalten. Der wilde Übermut junger Kater und ihre Freude an Kampfspielen erinnert mich an meinen Neffen, das ruhigere Spiel mit Objekten der Katzenmädchen an meine Nichte. Wäre es nicht langweilig, wenn wir alle gleich wären? Katzendamen sind allerdings vielfach von dem ungestümen und manchmal aufdringlichen Verhalten junger Kater genervt. Häufig wird das weibliche Geschlecht von jungen Katern auserkoren, um Langeweile auszuleben und ihre Kampfkraft im gesicherten Rahmen zu erproben. Die Körperhaltung der Kätzin gibt oft ebenso Anlass für ungestüme Attacken wie die Tatsache, dass sie sich seltener effizient wehrt und damit eine »leichte Beute« ist. Ausnahmen bestätigen die Regel, wie etwa Diva »Gloria«.

Katzen-Diva »Gloria«

Gloria, diese wunderschöne Katzendiva, stammte aus dem Tierschutz und hatte in ihrem Leben bereits einiges mitgemacht. Sie sollte bei ihren neuen Menschen ihr Heim mit zwei Katern teilen und das widerstrebte ihr gewaltig. Es gibt Katzen, die keine Artgenossen in ihrem nächsten Umfeld wollen. In der Regel leiden die Kätzinnen unter den wilden Kampfspielen und dem oftmals aufdringlichen Verhalten der Kater. In diesem Fall litten die Kater und wurden in ihrer Bewegungsfreiheit deutlich eingeschränkt. Diese Katzendame war äußerst selbstbewusst. Dennoch dürfen wir nie vergessen, dass auch selbstbewusste souveräne Geschöpfe, Angst und/oder Traumen erfahren können.

Wie wir wissen, sind Katzen unterschiedlich redefreudig. Diese schöne Diva verkündete ihre jeweiligen Gemütslagen lautstark. Ihre rasche Unzufriedenheit unterstrich sie mittels unterschiedlicher Murr- bis Knurrlauten. Fauchen das überwiegend der Distanzvergrößerung dient und als defensiv aggressiv zu werten ist, zählte natürlich ebenfalls zu ihrem Repertoire. Glorias Körperhaltung war unentspannt und gerne beobachtete sie ihre mutmaßlichen Gegner, ehe sie sie wild verfolgte und auch den Kampf nicht scheute.

Kontrolle macht für Katzen die Welt vorhersehbarer und damit weniger beängstigend. Die Kater waren neugierig, aber keineswegs in Kampflaune. Auch sie waren aus dem Tierschutz und hatten bereits viel erlebt. Der Jüngere von beiden liebte durchaus wildere Spiele, allerdings eben Spiele. Zu einem Spiel gehören bekanntlich immer zwei. Unsere Diva liebte zwar das Durchspielen ganzer Jagdsequenzen mit ihren Menschen, aber mit den Katern lehnte sie den näheren Kontakt kategorisch ab.

Keine Situation gleicht einer anderen. Manchmal ist es für alle Beteiligten besser, ein neues Heim für den Vierbeiner zu suchen. Eine schwere Entscheidung, bei der wir alle Variablen in einen Topf werfen müssen. Auch der Mensch in seiner ganzen Individualität zählt hinzu. Die Tierhalter von Cleo stellten Cleos Wohl vor ihr eigenes. Sie waren zwar sehr traurig, aber die Liebe zu ihrer Mieze war stark genug, um sie nicht aus egoistischen Gründen zu behalten. Eine räumliche Trennung kann bei optimalen Voraussetzungen wie etwa Hausgröße und -aufteilung eine Lösung darstellen, ist es aber keineswegs immer. Unter anderem kann sich die wichtige »Ressource Mensch« nicht aufspalten. Wir können selbstloses Verhalten lernen, indem wir das Wohl eines anderen Lebewesens über unseres stellen. Eine Dauerstresssituation für alle Beteiligten ist ungesund für jeden. Zudem hatte einer der beiden Kater bereits gesundheitliche Probleme und damit ist bei dem Psychosomatiker Katze nicht zu spaßen. Warum auch immer, aber bei drei Katzen ist sehr oft eine zu viel im Bunde. Bei reiner Wohnungshaltung und einer innigen Bindung an den Menschen rate ich, bei zwei Katzen zu bleiben. Abgesehen davon, dass das Revier geteilt wird, muss die Bezugsperson und Stabilitätssäule Mensch geteilt werden. Nicht zu vergessen, dass wir bei reiner Wohnungshaltung mit unserem Beutegreifer in der warmen Stube täglich einzeln interaktive Beutespiele durchführen sollten und das benötigt Zeit.

Raub- und Beutetier in einem – wie fühlt es sich an, Katze zu sein?

Wer kann genau sagen, wie sich Frau und Herr Katze fühlen? Vielleicht tragen sie zwei Seelen in ihrer hübschen Brust, wie ihnen oftmals unterstellt wird: jene des Raubtieres und jene des Beutetieres – die verschmuste sanftmütige Samtpfote und das wilde freiheitsliebende Schnurrmonster gekonnt vereint in einem Geschöpf.

Schlüpfen wir hinein in dieses vielschichtige Wesen, das oft voller Widersprüche scheint. Wobei ich persönlich Katzen als vollkommen erachte. Vollkommen in der Vereinigung der Gegensätze. Auch in diesem Bereich dürfen wir uns die Miezen zum Vorbild nehmen. Wir verleugnen manche Anteile in uns und das kann irgendwann ungesund werden. Verdrängte Segmente streben an das Tageslicht. Ob wir wollen oder nicht. Im Einklang mit uns selbst, unserem wahren Selbst zu sein und zu leben, ist eine wesentliche Aufgabe in unserem irdischen Dasein. Manchmal scheint dies eine wahre Herausforderung zu sein. Immer wieder greifen Schattenenergien und das Ego zu. Das Ego will transformiert werden. Das Ich will transzendiert werden. Dabei sollten wir verstehen, dass jener Mensch, der sein Ego transformiert und sein Ich transzendiert hat, keineswegs ein Ich-schwacher Mensch ist. Keinesfalls hat er in diesen Prozessen seine Standfestigkeit, seine Mitte oder seine strukturellen Fähigkeiten verloren. Viel wesentlicher ist, sich selbst plötzlich sehr nahe zu sein, mit beiden Beinen fest auf der Erde zu stehen, sich mit allem, was ist, verbunden zu fühlen und in seinen Wahrnehmungen und seiner Spontaneität ein hohes Maß an Spürsinn und Effektivität zu beweisen. Wer sind wir? Was tun wir hier? Was ist unsere Aufgabe? Unsere Mission? Unser Auftrag? Alles beginnt bei und in uns selbst. Unsere bezaubernden Fellpfoten vermögen uns in ihrer besonderen Sensitivität auf dem Weg zu uns selbst zu unterstützen. In dem bewussten sowie innigen Zusammenleben mit unseren Katzen verfeinert sich zudem fast unbemerkt unsere Intuition.

Wir glauben zu erkennen, was unsere Mieze fühlt oder wie es ihr gerade geht. Aber wissen wir es wirklich? Stülpen wir ihnen nicht viel mehr häufig unsere menschlichen Gefühle über? Es sind immer wieder Gratwanderungen, wenn wir die bestmöglichen Kompromisse zwischen den Bedürfnissen unserer Tiere und unserer eigenen eingehen wollen. Manchmal ist es ein Spagat, der nicht leicht zu bewältigen ist. Zumindest nicht, wenn wir uns zu den verantwortungsbewussten Tierhaltern zählen wollen. Denn welches Recht haben wir, über das Leben unserer befellten Gefährten zu bestimmen? Unsere Stubentiger sind sehr anpassungsfähig und mit uns Menschen bisweilen äußerst geduldig. Wir müssen auf ihre Bedürfnisse Rücksicht nehmen, sonst dürfen wir unser Leben nicht mit einer Katze teilen.

In meiner Praxis als Tierpsychologin bin ich häufig mit der Vermenschlichung unserer Haustiere konfrontiert. Das ist an sich nicht verwerflich, weil Tieren damit auch Emotionen wie etwa Freude, Angst und Trauer zugestanden werden. Ich bemühe mich natürlich stets, wertfrei zu bleiben, und auch wenn Tiere, als Ko-Therapeuten mit mir zusammenarbeiten, gibt es doch gewisse Unterschiede zwischen Mensch und Katze. Ein gutes Beispiel ist die erwähnte Unterstellung eines Protestverhaltens. »Die Katze pinkelt uns zu Fleiß auf unser Bett. Sie will uns bestrafen.« Das sind Aussagen, die ich keinesfalls so stehen lassen kann. Unsere Miezen haben uns voraus, kein Protestverhalten im menschlichen Sinne zu kennen. Das macht sie umso sympathischer. Diese rein menschlichen Eigenschaften dürfen wir unseren Miezen nicht unterjubeln.

Wie sieht es mit Peinlichkeit aus? Kann unsere Mieze beispielsweise ein Missgeschick als peinlich empfinden? Zwar handelt es sich nur um Bezeichnungen, dennoch bevorzuge ich den Begriff »unangenehm« bei unseren Katzen.

Das Gefühl der Peinlichkeit, wie wir es manchmal empfinden, wenn wir am liebsten im Erdboden versinken wollen, ist für unsere Stubentigern ein Fremdwort.

Außerdem könnten wir schlussfolgern, dass Katzen nichts peinlich ist, weil sie sich nicht in einen Artgenossen einfühlen können oder weil sie über kein Ich-Bewusstsein verfügen. Auch diese Aussagen unterschreibe ich nicht.

Um uns angemessen in unsere Mieze hineinversetzen zu können, müssen wir anerkennen, dass die Katze in einer »Person« ein kleines Raubtier und Beutetier vereint. Ihre Revierbezogenheit ist leicht nachvollziehbar, wenn wir bedenken, dass sie alleine auf die Jagd geht und weder Rudel noch Herde oder Gruppe zur Unterstützung hinter sich hat. Auf diese Weise können wir einen kleinen Einblick gewinnen, warum Miezen ticken, wie sie ticken. Katzen sind zwar nicht die viel umwobenen Einzelgänger, jedoch durchaus Einzelwesen. Sie durchwandern bevorzugt für sich alleine die Weiten ihrer Streifgebiete und bleiben ihren Trampelpfaden treu. Um zumindest annähernd zu erfahren, wie sie fühlen, begeben wir uns mit unserem Stubentiger auf ihre Ebene. Unsere Empathie und unsere Intuition sind in solchen Situationen gefragt und das sensible Einfühlen, das der Umgang mit Katzen erfordert, bringt auch uns ein Stück weit näher zu uns selbst. Um Kinder besser zu verstehen und das, wie sie fühlen, müssen wir uns ja ebenfalls auf ihre Ebene begeben. Allerdings waren wir selbst einmal Menschenkinder und daher fällt das leichter. Meistens zumindest. Manchmal ist auch hier viel verschüttet und wir finden den Weg zu unserem »Inneren Kind« nur schwer.

Um die Ebene unserer Katzen zu betreten, müssen wir bereit sein, uns ganz einzulassen. Als ersten Schritt machen wir uns innerlich leer. Wir selbst sind nicht mehr wichtig. Die Gedanken dürfen auf ihre Plätze verwiesen werden. Wir gehen in die Stille und sind einfach nur. Wir schalten unsere Spürwahrnehmung ein und bemühen uns, so wenig wie möglich zu interpretieren. Viel mehr lassen wir unsere Intuition ihre Arbeit tun. Sie vermag uns neue Türen zu eröffnen und ist uns stets ein vertrauenswürdiger Wegweiser. Sprache hingegen bringt rasch Missverständnisse mit sich und ist manchmal selbst nur wie eine subjektiv gefärbte Interpretation. Gewiss habe auch ich meinen Tieren bereits das eine oder andere sehr menschliche Gefühl unterstellt. Heute bin ich bemüht, demütig, bescheiden und dankbar Respekt walten zu lassen. Weder zu werten noch zu urteilen, keine voreiligen Schlüsse zu ziehen sind nur einige meiner Wegweiser. Wie bei uns Menschen gibt es auch bei Katzen jene, die offenbar bereits mit einem besonderen Bewusstsein auf die Welt gekommen sind. Ich habe oft das Gefühl, es sind alte weise Seelen, die vor mir stehen und mir in die Augen blicken.

Nochmals möchte ich die telepathische Kontaktaufnahme sowie Kommunikation mit unseren Vierbeinern erwähnen, die über Bilder, die von Emotionen untermalt sind, erfolgen. In sozialen Verbänden kommunizieren Tiere über Telepathie, warum also nicht auch mit uns Menschen? Wir können gleichermaßen senden und empfangen. Sind wir innig miteinander verbunden, verfügen wir über die beste Voraussetzung. Ich kann beispielsweise meine Katze befragen, ob sie mit einem neuen Artgenossen einverstanden wäre. Um die Antwort unverfälscht, also unbeeinflusst von eigenen Gedanken oder Emotionen verstehen zu können, müssen wir uns zuvor leer machen.

Wir Menschen haben diese Art der Kommunikation häufig verlernt und/oder vergessen. Sie schlummert in jedem von uns.

Katzen: Seelentröster, Therapeuten und Ko-Therapeuten

Längst sind Katzen für uns nicht mehr reine Mäusefänger, die unsere Stallungen und Keller von Plagegeistern freihalten. Vielmehr fungieren sie heutzutage sehr häufig als Freunde, Weggefährtinnen, Seelentröster, Therapeutinnen und Ko-Therapeuten. Bei einer innigen Bindung und wenn wir bereits länger mit unserer Katze leben, treten wir unweigerlich miteinander in Resonanz.

Von Ko-Therapeuten sprechen wir unter anderem deshalb, weil Katzen bei einer innigen Verbundenheit unsere emotionalen Befindlichkeiten, Stimmungen, Gemütslagen sowie unser Verhalten spiegeln. Außerdem können sie von uns und für uns Krankheiten aller Art übernehmen. Daher sollten wir immer ein waches Auge auf unsere Fellpfoten haben, um nicht womöglich die Grenzen ihrer Belastbarkeit zu übersehen.

Unsere Vierbeiner wollen uns Menschen helfen auf unserem Weg der Heilung, der Selbsterkenntnis, und uns insgesamt bei unseren Bewusstseinsprozessen unterstützen. Vereinfacht ausgedrückt helfen sie uns zu erkennen, wer wir in Wahrheit sind und lenken in diesem Prozess unsere Aufmerksamkeit auch auf unsere blinden Flecken. Indem ich mich bewusst mit meiner Katze auseinandersetze, können mir auch meine versteckten und verdrängten Anteile bewusst werden. Ebenso fallen mir unter Umständen Disharmonien in meinen menschlichen Beziehungsgeflechten oder Lebensumstände auf, die ich verändern sollte. Dies alles nur, wenn ich vollkommen bewusst sowie ehrlich zu mir bin und mich in der Kunst der Reflexion übe. Unser Stubentiger vermag zu einer Art Brücke zu werden. Lerne ich, meine Katze zu spüren, nehme ich sie mehr und mehr über meine feiner werdende Spürwahrnehmung war, verändert sich automatisch auch mein Empfinden mir selbst gegenüber. Keineswegs sind damit oberflächliche Ego-Geschichten gemeint. Es geht immer um das Ganze, um das Wohl aller. Zugleich beginnt alles bei mir selbst, in meinem Innersten. Die Ursache liegt in mir. Im Außen zeigt sich einzig die Wirkung. Das Sprichwort, seines eigenen Glückes Schmied zu sein, beinhaltet mehr als nur einen Funken Wahrheit. Ich empfinde die Spiegelungen unserer Miezen wie Akte der Liebe und wer weiß, vielleicht werden unseren Tieren in diesen gegenseitigen Prozessen Bereiche oder Realitäten offenbart, zu denen sie ansonsten keinen Zugang hätten. In Wahrheit wissen wir recht wenig über die Geheimnisse des Lebens.

Felinaltherapie

Zumindest dreimal täglich ein Schnurrmonster zu streicheln tut Körper, Geist und Seele gut. Wir sprechen von der Felinaltherapie, wenn Katzen uns Menschen therapeutisch zur Seite stehen. Zwar werden etwa in Altenheimen sowie in Kindergärten und Schulen nach wie vor überwiegend Hunde in der tiergestützten Therapie eingesetzt, aber auch Katzen finden dort und da Anklang. Bei Weitem eignet sich nicht jede Katze für die Arbeit vor Ort wie in Heimen oder Schulen. Sie müssen besonders stressresistent und in sich ruhend sein. Wir müssen immer im Auge behalten, dass es sich hierbei um Arbeit für die Mieze handelt. Daher müssen wir den Samtpfoten regelmäßig Zeiten der Ruhe sowie der Unbeschwertheit gönnen, in denen sie einzig sie selbst zu sein brauchen und ihren tierischen Bedürfnissen vollends nachgehen können. Ein Tier darf niemals von uns Menschen benutzt oder missbraucht werden. Zum Glück lassen sich Katzen weniger leicht benutzen. Andererseits sind sie rasch besorgte Geschöpfe, die zur Psychosomatik neigen. Daher lernen wir Zeichen für Unwohlsein bis hin zu deutlichen Stresssymptome der Vierbeiner zu erkennen, um rechtzeitig gegensteuern zu können. Wir sind gefordert, Rücksicht auf die oft sehr individuellen Bedürfnisse unserer Samtpfoten zu nehmen. Die Grenzen der Belastbarkeit unserer Tiere sollte nie ausgeschöpft werden. Der liebevolle, achtsame wie respektvolle Umgang mit der Mieze ist Grundvoraussetzung.

Wir können Katzen als eine Art Kommunikationstrainer und -helfer bezeichnen, weil sie direkt auf uns reagieren und Rückmeldung geben. Zugleich fordern sie uns heraus, genauer hinzuhören, hinzuspüren und hinzusehen. Außerdem fördern sie unsere Entspannung, wirken gegen Einsamkeit und depressive Verstimmungen. Katzen sind gemeinhin leise Wesen, reagieren auf Feinheiten und gehen sanft auf den Menschen zu. Durch den insgesamt stressreduzierenden, harmonisierenden sowie ausgleichenden Einfluss vermögen sie unsere seelische Stabilität zu fördern. Aus all diesen Gründen gelingt es Stubentigern, so manch Blockade in uns zu lösen und stabilisierend zu wirken. Dies wiederum führt dazu, dass manche Menschen wieder leichter Beziehungen aufnehmen und generell psychisch beweglicher werden. Mit einer Mieze zu spielen, erzeugt auch in uns Menschen ein fröhlich beschwingtes Gemüt oder zumindest werden Funken von Frohsinn gestreut. In jedem Fall tut ein fröhliches Herz auch unserem Körper gut.

Erst kürzlich berichtete mir eine verwitwete ältere Dame von ihrer Katzendame, die sich erstmals nachts zu ihr ins

Bett begeben hatte. Die Dame litt an starken inneren Spannungszuständen, Bluthochdruck und Schlafstörungen. Als sich dieses kleine Fellknäuel plötzlich in ihre Arme kuschelte, fiel sie in tiefen erholsamen Schlummer. Abgesehen davon schenkte der durch Fütterungs- und Spielzeiten strukturierte Tagesablauf der Dame Halt. Sie lebte erstmals alleine und die immer fröhliche Mieze nahm ihr das Gefühl der Einsamkeit. Still lauschte sie ihrem Menschen und akzeptierte ihn, wie er war. Die Dame fühlte sich gebraucht und geliebt.

Wie Katzen-Lady Sally den Hunderüden Punky therapierte

Katzen können nicht nur auf ihresgleichen sowie ihre menschliche Bezugsperson therapeutisch und harmonisierend einwirken, sondern genauso gut auf artfremde Lebewesen wie beispielsweise Hunde.

In besonderer Erinnerung blieb mir in diesem Zusammenhang Sally. Sie war eine Katze wie aus dem Lehrbuch. Eine wahrlich weise Katzenseele. Sally war äußerst souverän und fand zur rechten Zeit den Weg in unseren Haushalt. Kurz zuvor hatten wir einen dreijährigen und äußerst ungestümen Rüden mit dem trefflichen Namen Punky (von Punker) von stattlichen 35 kg übernommen. In seinen jungen Jahren hatte er bereits viel erlebt. Niemand wollte ihm in seiner zwar liebenswerten, jedoch ungehobelten, wilden, unerzogenen Art ein neues Zuhause schenken. Von dem vielen Hin und Her auf unterschiedlichen Plätzen war Punky hochgradig gestresst und verwirrt. Deshalb verbellte er unter anderem lautstark unsere Katzen, die dies mit wildem Gefauche und Geknurre quittierten. Sie waren zwar mit Hunden sozialisiert, fühlten sich allerdings von Punky bedroht und waren entsprechend gestresst. Die Situation war mehr als angespannt.

Wir wussten von den Vorbesitzern, dass Punky grundsätzlich mit Katzen gut konnte und keinesfalls böse Absichten hegte. Leider empfanden dies unsere Miezen anders. Ein roter Kater kippte vor meinen Augen um. Der rasch aufgesuchte Tierarzt diagnostizierte einen angeborener Herzfehler. Er wurde medikamentös gut eingestellt und hatte ein langes Leben. Die Situation mit Punky war aber für alle belastend. Bis Sally kam. Ein Freund hatte sie ausgesetzt gefunden. Nachdem sich keine Tierhalter gemeldet hatten, brachte er sie zu uns. Sally war eine grazile wunderschöne schwarz-weiße Dame. Ja, »Dame« trifft es auf den Punkt. Ihr souveräner Auftritt war beeindruckend.

Sie kam, schmiegte sich wie selbstverständlich um Punkys Beine, bemaunzte ihn freundlich und aller Bann war gebrochen. Es war wie ein Wunder oder ein Zauber. Von diesem Augenblick an verbellte Punky nie wieder eine der hauseigenen Katzen. Ausschließlich fremde Eindringlinge wurden ab und zu von unserem Grundstück vertrieben. Sallys Anwesenheit wirkte sich außerdem äußerst beruhigend auf die gesamte Miezengesellschaft aus. Jeder verstand sich mit ihr und keiner wagte eine Attacke gegen sie. Sally stand ein wenig über den Dingen. Vor allem aber wurde sie von jedem einzelnen ihrer Artgenossen respektiert.

Sehr häufig fungieren Katzen wie Sally als soziale Vermittlerinnen in einer Gruppe, indem sie die Pheromone aller zu dem wichtigen Sippengeruch vermengen. Dieser soziale Kitt verhilft Katzen zu einem Zusammengehörigkeitsgefühl und bringt dadurch mehr Harmonie in die Gemeinschaft. Selbst dann, wenn es sich eher um eine Katzen-WG denn um dicke Freundschaften handelt. Zudem war Sally eine der besten Mausfängerinnen, die ich je kennenlernen durfte. Madame Sally regelmäßig bei ihrer Jagd beobachten zu dürfen, lehrte mich viel über den Beutegreifer Katze. Mit unglaublicher Geduld verbrachte sie lauernd ihre Zeit vor dem Mauseloch am nahen Feld. Ihre Jagden verliefen überwiegend erfolgreich und ihre Jagdtrophäen präsentierte sie uns voller Stolz zu allen Tages- und Nachtzeiten. Natürlich würdigte ich ihre Geschenke und lobte sie reichlich. Sally interessierten keine Vögel als Beute, sie war wie der überwiegende Teil unserer Katzen auf kleine Nager spezialisiert.

Sally lehrte mich, dass Geduld, innere Ruhe und Gelassenheit wichtige Ingredienzien für ein glückliches Leben darstellen. Außerdem, dass sich mit freundlicher Offenheit unnötige Differenzen wie von selbst ausräumen lassen. Sally führte mir vor, wie einfach es gehen kann, einem polternden Gegenüber charmant den Wind aus den Segeln zu nehmen. Sie wusste zwar immer, was sie wollte, setzte ihre Wünsche aber nie gewaltsam durch. Sie war eigenwillig, jedoch keineswegs stur. Wenn es einmal nicht nach ihrem Kopf ging, war es auch kein Problem. Sally grollte nie. Sie war die Güte in Katzenperson und das allein hatte Vorbildwirkung.

Mittlerweile finden wir auf Kanälen wie beispielsweise YouTube stundenlange Aufnahmen von Katzenschnurren zur Entspannung. Allerdings wirken leibhaftige, direkte Vibrationen eines schnurrenden Vierbeiners weit effizienter. Erstens übertragen sich besagte Schwingungen direkt auf uns und außerdem wirkt die Wärme unserer Mieze wohltuend. Sind wir außerdem befugt, Frau und Herrn Katze zusätzlich über ihr weiches Fellchen zu streicheln, nähern wir uns der inneren Glückseligkeit bereits sehr an.

Noch förderlicher als Besuche von Katzen in Altenheimen ist die Chance für ältere Herrschaften, ihr Leben ganz mit einem Schnurrmonster teilen zu können. Mit einem vierbeinigen Gefährten halten Freude und Fröhlichkeit Einzug. Da der Mensch von seiner Mieze gebraucht wird, erhält das Dasein wieder mehr Sinn und der teilweise eintönige Alltag wird strukturierter. Wir dürfen fürsorglich sein und das schenkt auch uns schöne Gefühle. Es ist wunderbar, geben zu dürfen und zugleich beziehen wir unendlich viel von unseren Tieren. Nicht umsonst empfinde ich sie oft als Engel auf vier Pfoten.

Lebenspartner: Omi und Puppi

Bereits seit Längerem wünschten sich meine Großeltern wieder eine Mieze. Da meine Großmutter damals bereits neunzig Jahre zählte, hatte sie Bedenken, einen Stubentiger bei sich aufzunehmen. Zum Glück ist meine Mutter eine große Katzenliebhaberin und versprach, im Notfall einzuspringen. Sie spürte, dass ein schnurrender Vierbeiner meiner Omi sehr guttun würde. Die langen Winter in der Wohnung, kleinere körperliche Beschwerden und die eingeschränktere Bewegungsfreiheit hatten ihrem seelischen Gleichgewicht arg zugesetzt. Meine Mutter merkte, dass sich dunkle Wolken über Omis Gemüt ausbreiteten. Eines schönen Tages brachte sie meiner Großmutter das ältere und kranke Kätzchen Puppi aus dem Tierheim.

Puppi war ein Scheidungsopfer und das Tierheim hatte ihrem äußerst sensiblen Naturell viel abverlangt. Anfänglich war sie sehr scheu und nur langsam öffnete sie ihr zartes Katzenherz den neuen Menschen. Die liebevolle Fürsorge meiner Großmutter sowie die zusätzliche Obsorge meiner Mutter ließen Puppi rascher gesunden als erwartet. Schon bald genoss sie ihr neues Leben. Für sie war das ruhige Leben mit meinen Großeltern stimmig. Stress, Angst und Besorgnis hatte sie ausreichend durchlebt. Puppi veränderte innerhalb kürzester Zeit das Leben meiner Großeltern. Die zunehmende Fröhlichkeit und Spontaneität Puppis sowie ihre körperliche Nähe taten meinen Großeltern wohl. Das Leben hatte wieder mehr Lebensqualität. Meine Omi konnte sich endlich wieder hingebungsvoll um ein bedürftiges Lebewesen kümmern und wurde gebraucht. In Wahrheit waren beide bedürftig und halfen sich gegenseitig. Ich empfand dies als sehr berührend. Mein Großmutter hatte keine Scheu, ein älteres und noch dazu krankes Tier bei sich aufzunehmen. Sie empfand eine Art Solidarität mit dem kleinen zarten Geschöpf. Oft fühlen sich betagte Herrschaften mit einem älteren Tier verbundener. Auch sie wollen nicht auf das Abstellgleis geschoben werden.

Omi derart aufblühen zusehen, erfreute mein Enkelinnenherz. Da meine Großmama mit meinen Eltern unter einem Dach lebte, waren optimale Voraussetzungen geboten. Regelmäßig konnte meine Mutter nach dem Rechten sehen und im Falle eines Notfalles einspringen. Entscheiden wir uns für ein Leben mit einem Vierbeiner, müssen wir bereits im Vorfeld für ein gutes Netzwerk sorgen.

Katzen in Schulklassen oder Kindergärten fände ich zwar großartig, allerdings ist es dort für unsere sensiblen und rasch besorgten Miezen überwiegend zu laut und hektisch. Nicht zu vergessen ist, dass Katzen weit besser hören als wir Menschen und sogar als Hunde. Andererseits wäre der Besuch von Frau und Herrn Samtpfote ein guter Anreiz für Kinder, sich etwa zwanzig bis dreißig Minuten (dem Alter entsprechend anzupassen) ruhig zu verhalten. Abgesehen von der heilungsfördernden Wirkung des Schnurrens würden Katzen auch ansonsten mit Gewissheit vielen krebskranken Kindern glückselige Momente schenken.

Wie Katzen das Selbstbewusstsein unserer Kinder stärken

»Ich will eine Katze!« – Viele Eltern kennen diese oft flehentlich vorgetragene Forderung. Fast jedes Kind wünscht seht sich irgendwann *sein* Tier. Seinen intimen Freund, dem es alles anvertrauen kann. Es scheint eine Grundsehnsucht eines jeden Kindes zu sein.

Der positive Einfluss von Haustieren auf Kinder war geraume Zeit eine meiner Thesen, gestützt auf persönliche Erfahrungswerte sowie Beobachtungen im näheren und weiteren Umfeld. Mittlerweile gibt es Forschungsergebnisse bezüglich der positiven Einflussnahme der Haustiere auf Kinder. Das Zusammenleben mit Tieren wirkt förderlich auf die Entwicklung sowie auf das emotionale Wohlgefühl. Zudem wird der Erwerb sozialer Fähigkeiten begünstigt. Das beginnt bereits bei der Rücksichtnahme auf die kätzischen Bedürfnisse wie etwa nach Nahrung, Spiel und ungestörte Ruhezeiten. Des Weiteren können auch schon Kinder ihrem Alter angemessen lernen, kleine Verantwortungen zu übernehmen, wie etwa die eine oder andere Fütterung sowie die Reinigung des Katzenklos. Das Kind lernt, dass es nicht nur nimmt, sondern auch gibt. In ihrer Fürsorge für ein geliebtes Wesen verblüffen mich Kinder immer wieder. Mitgefühl und Einfühlungsvermögen werden trainiert.

Am liebsten möchte ich jedem Kind die Chance einräumen, mit einem tierischen Freund aufwachsen zu können. Obgleich mit unglaublichen Waffen ausgerüstet, gehen die meisten Miezen geradewegs behutsam und zart mit dem menschlichen Nachwuchs um. Ganz so, als hätten sie feine Sensoren für die kindliche Seele eingepflanzt. Außerdem weichen Katzen Unangenehmem lieber aus und entziehen sich, wenn es ungemütlich für sie wird. Ist ihnen Flucht nicht möglich, werden deutliche Grenzen gesetzt. Es ist äußerst berührend, wie tief sich ein kleines Menschenleben auf seine Mieze einzulassen versteht. Dem Stubentiger kann alles erzählt werden, selbst in Baby- oder Kleinkindsprache scheint er alles zu verstehen. Obgleich die Feinmotorik unserer Kinder erst ab drei Jahren entwickelt ist, vermögen viele unserer Sprösslinge äußerst einfühlsam mit Miezen umzugehen. Insbesondere für scheue, schüchterne oder in sich gekehrte Kinder können Samtpfoten die intimsten Freunde sowie Seelentröster werden. Viele Katzen besitzen eindeutig erzieherischen sowie therapeutischen Charakter. Da sie allein mit ihren Krallen sehr deutliche Grenzen zu setzen vermögen und sich nie wie Hunde unterwürfig verhalten, lernen Kinder Respekt, Rücksichtnahme und dass nicht immer alles nach ihrem Kopf gehen muss. Die meisten Kinder begegnen Vierbeinern unbefangener als Erwachsene und vermögen die Sprache der Katzen intuitiv zu erfassen. Kinder verfügen über eine Art angeborenes Gespür für ihre vierbeinigen Freunde. Umgekehrt vermitteln die Katzen unserem Nachwuchs oft ein Gefühl der Sicherheit. Da Kinder sich selbst insgesamt noch viel näher sind, agieren sie weit intuitiver. Die verbale Kommunikation ist für das Kleinkind nicht im gleichen Maße wichtig wie für Erwachsene.

Neben dem sehr positiven Einfluss von Samtpfoten auf das Selbstbewusstsein unserer Kinder wird das wichtige Urvertrauen gefestigt und das Selbstvertrauen gestärkt. Miezen verbiegen sich niemals, sind absolut wahrhaftig und klar. Außerdem stärkt das Zusammenleben mit Katzen die Kommunikationsfähigkeit unseres Nachwuchses sowie die Fähigkeit der Rücksichtnahme und des Anderssein zu akzeptieren. Der Umgang mit seiner Samtpfote kann von unseren Kindern durchaus Geduld erfordern. Immer wieder müssen Kompromisse geschlossen werden und manchmal ist Verzicht angezeigt. Da uns die lieben Miezen sehr viel zurückgeben, wird der Verzicht selten als solcher wahrgenommen. Mit anderen Worten tragen Katzen viel zu einer gesunden Entwicklung unserer Kinder bei.

Als Erwachsene sind wir nicht klüger als Kinder. Häufig identifizieren wir uns zu sehr mit unserem Denken. Indem wir zunehmend unsere Herzen öffnen sowie aktivieren, lernen wir vermehrt hinzuspüren. Auf diesem Weg funktioniert Kommunikationen automatisch leichter. Die Spürwahrnehmung ist ein wichtiger Schlüssel zu einer intensiveren besseren Kommunikation mit unseren Vierbeinern. Diese will trainiert werden. Da wir uns oft selbst nicht spüren, vermögen wir nur schwer andere Lebewesen zu erfühlen.

Unsere Katzen haben sich mit ihrer verbalen Kommunikation an das Leben mit uns Menschen angepasst. Diese ist aber nur ein minimal kleiner Ausschnitt dessen, was an Kommunikation möglich ist. Fokussieren wir uns nicht zu sehr auf die äußeren oberflächlich wahrnehmbaren Dinge! Machen wir es unseren Kindern gleich oder werden wir wieder wie die Kinder. Seien wir unter anderem spontan und offenen Herzens.

Als verantwortungsvolle Eltern sollten wir sehr gut überlegen, ob wir eine Katze als Familienmitglied bei uns aufnehmen. Auch wenn die Entscheidung gemeinsam getroffen wird, so bleiben die Eltern die Verantwortungsträger. Am besten ist es, wir setzen uns bereits vor der Anschaffung genau damit auseinander, was auf uns zukommt. Bis ungefähr zum Volksschulalter vermag sich ein Kind nur begrenzt um einen Vierbeiner zu kümmern. Ich würde allerdings nicht so weit gehen und behaupten, dass kleine Kinder Tiere als Stofftiere wahrnehmen. Das ist eine Unterstellung. Derartige Behauptungen zeigen mir das Abgetrenntsein von sich selbst oder zumindest von seinem eigenen inneren Kind. Kinder sind ihren Tieren oft viel näher als wir Erwachsene. Sie sind in vielen Bereichen weit klüger als wir und spüren sich um vieles besser. Unterschätzen wir unsere Kinder nicht! Wir können viel von ihnen lernen und haben einiges vergessen. Erinnern und Aufwachen sind angesagt. Zwar sollten Kinder lernen, Verantwortung zu übernehmen, aber bitte nicht zu früh. Selbst ein Volksschulkind sollte keinesfalls das Gefühl bekommen, die Verantwortung für das Wohl seiner Katze vollends tragen zu müssen. Es ist eine schwere Last, wenn wir unseren Kindern zu früh zu viel Verantwortung auf ihre schmalen Schultern laden. Zudem fühlen sich Kinder rasch für das Wohl ihrer Eltern verantwortlich. Das darf nicht sein. Die Rollen dürfen nicht getauscht werden. Kinder müssen unbedingt Kinder sein dürfen.

Kinder mit einem Handicap, wie etwa einer Beeinträchtigung aus dem autistischen Formenkreis, haben ihre eigene höchst individuelle Beziehung zu einem Vierbeiner. Wir sollten weder die Bindung noch die Kommunikation zwischen ihnen unterschätzen. Auch hier haben sich Katze und Mensch viel zu sagen. Oftmals sehr subtil, wie es eben Katzenart ist. Keineswegs müssen wir als stille Beobachter immer alles verstehen. Beide verfügen über eine ausgezeichnete nonverbale Kommunikation. Abgesehen davon können Katzen in ihrer direkten Art sehr deutlich zeigen, was sie wollen und was nicht. Wo dies nicht der Fall ist, lehren wir die Kinder einen respektvollen, liebevollen sowie achtsamen Umgang mit den Vierbeinern – und leben ihnen diesen vor.

Natürlich gibt es auch jene Katzen, die sich von Kindern rasch überfordert fühlen. Bietet sich ihnen die Möglichkeit, werden sie flüchten. Immerhin schenkt Flucht ein Gefühl der Erleichterung. Auch wenn im Speziellen die ältere Katze zunehmend ruhebedürftig wird, sollten wir besonders in unruhigen Haushalten und Familien allen Miezen vermehrt sichere Rückzugs-, Ruheorte sowie erhöhte Aussichtsflächen anbieten. In erhöhter Position fühlen sich Katzen sicherer. Samtpfoten neigen dazu, Spannungen ihres Umfeldes aufzufangen und zu übernehmen. Mit interaktiven Beutespielen sowie mit einem umfangreichen Angebot diverser Kratzmöglichkeiten helfen wir ihnen unter anderem beim Spannungsabbau. Auf diese Weise kommen wir einem glückseligen Familienleben immer näher.

Trauma-Therapeutin und Alltags-Therapeutin Katze
Das Aussehen ist unseren Samtpfoten ebenso gleichgültig wie ob jemand gesund oder krank ist. Katzen blicken direkt in unsere Herzen und enttäuschen nie unser Vertrauen. Aus diesen und anderen Gründen eignen sich Katzen für Menschen mit traumatischen Erfahrungen und posttraumatischen Belastungsstörungen ganz besonders. Ebenso sind hochsensible sowie hochsensitive Kinder und Erwachsene bestens bei ihnen aufgehoben.

Katzen tragen in ihrem Wesen die richtige Mischung für das Bedürfnis nach Nähe und Distanz, Zuwendung und Eigenständigkeit, die für traumatisierte Kinder besonders wichtig sind. Miezen machen keinen Druck. Das können auch wir Menschen uns im Umgang abschauen. Selten sind sie aufdringlich, doch sie wissen anscheinend insgeheim, wo ihre Nähe gebraucht wird. Manchmal unter Umständen auf unbewusster Ebene. Zudem spüren sie sehr rasch, ob sie unerwünscht sind, und ziehen sich gerne zwischendurch zurück.

Nach schweren seelischen Traumata kann Nähe oder Berührung oft nur bedingt zugelassen werden. Es gilt der Ausnahmezustand. Wobei es sich hier um Gratwanderungen handelt. Denn eine empathische Berührung kann umgekehrt wahre Wunder vollbringen. Wir wissen heute beispielsweise, wie essenziell Berührungen für das Baby und Kleinkind im Hinblick auf das weitere Leben wie etwa auf die Ausbildung von Stressrezeptoren sind.

Permanente innere Spannungszustände sowie Schlafstörungen, die häufig auf Angst basieren, schwere Traumata können geradezu quälend wirken. Ein Leben in ständiger Anspannung, bedingt durch eine permanenter Flucht- und Angriffsbereitschaft, kann die Folge sein. Dauerstress jagt unentwegt Stresshormone durch den Organismus. Es wirkt fast, als entstünde eine Art Sucht nach diesen Stresshormonen. Im Grunde läuft der gesamte Organismus in einem kräftezehrenden Überlebensmodus. Mehr geht nicht. Unsere Katzen fördern auf unterschiedlichen Wegen unsere Entspannung. Bereits das bloße Schnurren unserer Stubentiger wirkt beruhigend und schlaffördernd. Die Vibrationen übertragen sich auf uns Menschen. Das alleine ist es aber nicht. In ihrer sanften, leisen Art verhelfen sie uns sacht, uns zu öffnen.

Gesunde Katzen ruhen in sich. Ihre meditative Ausstrahlung überträgt sich auf uns und tut wohl. Zusätzlich können wir durch ihr weiches Fellchen kraulen und spüren auch körperliche Wärme. Immer vorausgesetzt, Frau und Herr Katze lassen es zu, das letzte Wort haben sie. Allerdings weiß ich mit Bestimmtheit, dass immer das richtige Tier zur richtigen Zeit das Leben mit uns teilt. Sie finden uns und wissen, wo sie gebraucht werden.

Da wir mit unserer Mieze nicht, wie etwa mit einem Hund, vor die Türe gehen müssen, fühlen wir uns weniger unter Druck gesetzt. Egal ob von anderen oder von uns selbst. Wir können es uns in unserer Wohnung gemütlich machen und gelassen für unsere Heilung Sorge tragen. Hier sind wir in Sicherheit und können selbst in Ruhe entscheiden, wann und wie oft wir unseren Fuß in das Freie und unter Menschen setzen wollen. Wann wir bereit sind, spüren wir in unserem Innersten. Manchmal bedarf es allerdings auch eines kleinen Schubses, um die eine und andere Hemmschwelle erfolgreich zu überwinden.

Wir können unserer Mieze alles erzählen und dies ist besonders für Kinder essenziell. Sie öffnen sich ihrem vertrauten Vierbeiner gegenüber oft leichter als einem erwachsenen Menschen. Von Katzen wird das Vertrauen niemals missbraucht. Sie werten nicht und akzeptieren uns, wie wir sind. Für manche Menschen mag es seltsam klingen, sich mit einem Tier zu unterhalten. Ich kann nur sagen, probieren Sie es aus und Sie werden erfahren, wie wohl das offene Ohr tut.

Nicht zu unterschätzen ist auch, dass die Katzen die ihnen anvertrauten Geheimnisse stillschweigend für sich behalten.

Der Alltag mit einem Stubentiger verschafft Struktur und Stabilität. Das Katzenklo muss gereinigt und die Fütterungszeiten wollen eingehalten werden. Sind wir nachlässig, suchen sich Frau und Herr Katze neue saubere Ausscheidungsorte und fordern vehement Nahrung ein. Die täglichen Rituale helfen, Struktur und Stabilität zu erlangen.

Das interaktive Beutespiel mit unserer Katze wirkt auflockernd und zaubert Fröhlichkeit in unser Gemüt. Ich bitte um Geduld, wenn sie sich anfänglich zögerlich oder nur für Augenblicke zeigt. Wir dürfen vertrauen, dass die Lebensfreude unserer jagenden und spielenden Katze ansteckend wirkt. Nicht umsonst sind diverse Internetkanäle mit Katzenvideos überflutet. Sie bringen uns zum Lachen. Das alte Sprichwort »Lachen ist die beste Medizin« beinhaltet einen sehr wahren Kern. Selbst wenn nur zwischendurch, dafür aber aus ganzem Herzen, gelacht wird, wirkt dies heilsam. Unser Mieze lehrt uns in ihrer spontanen Lebensfreude und Fröhlichkeit völlig im Jetzt zu sein. Heute gebe ich mein Bestes und nicht mehr. Natürlich müssen wir uns Zeit nehmen, innere Widerstände aufgeben und uns öffnen. Das ist der einzige Beitrag, den wir zu leisten haben. Es liegt allein bei uns, ob und wie wir uns einlassen.

Meistens bringen uns junge Kätzchen besonders in Verzücken. Das fröhliche Spiel zweier Katzenkinder zu beobachten, trägt eine heilsame Wirkung in sich. Nicht zuletzt kann auch das Kind in uns zu neuem Leben erwachen. Seien wir spontan wie unsere Katzenkinder! Lernen wir wieder, unbeschwert und fröhlich zu sein, erleichtern wir damit unsere Herzen. Alte Wunden können heilen. Dies gilt für jeden, nicht nur für traumatisierte Menschen.

Katzen sind sehr geduldig. Das spiegelt sich nicht zuletzt in ihrer Art zu jagen – sie sind Ansitz-, Lauer- und Schleichjäger – wider. Geduld und Ausdauer sind erforderlich, wenn etwa vor einem Mauseloch gewartet wird, bis endlich eine Maus ihren Kopf herausstreckt und in die Katzenfalle geht.

Unsere Schnurrmonster vermögen uns Menschen ob mit oder ohne Beeinträchtigung, Handicap oder einer Erkrankung viel Freude zu verschaffen. Katzen verstehen sich in der Kunst, hinter die Kulissen zu blicken. Ihnen kann der Mensch nichts vormachen.

Sucht und Abhängigkeit

Sucht nimmt ihren Anfang im Schmerz und endet mit Schmerz. Oft steht der Mensch an der Weggabelung zwischen Leben und Tod, ehe er bereit ist, den Weg der Befreiung aus seiner Sucht anzutreten. Eine umfangreiche sowie tiefgreifende und schmerzvolle Auseinandersetzung mit sich selbst beginnt. Dafür muss er seine gesamte Kraft aufbieten. Die in diesem Prozess oft auftauchenden destruktiven Gedanken und negativen Gefühle können zu einer vermehrten Gegenwärtigkeit gemahnen. Zauberworte für positive Veränderungen sind unter anderem Hingabe an den Augenblick, tiefes Vertrauen sowie die Aufgabe aller Widerstände. Als Lohn kann der suchtkranke Mensch manchmal eine sehr rasche Weitung und Entwicklung seines Bewusstseins erfahren.

Vermutlich wundert es niemanden, dass Katzen auch auf dem Pfad aus einer Suchterkrankung und/oder Abhängigkeit als Seelentröster, Therapeut und Ko-Therapeut zu fungieren vermögen. Unter anderem helfen sie mit, den häufig mit einer Sucht einhergehenden Depressionen sowie der Angst leichter Adieu sagen zu können oder zumindest depressive sowie angsterfüllte Phasen allein durch ihre Anwesenheit leichter zu überstehen.

Katzen akzeptieren uns, wie wir sind, werten und urteilen nicht. Insbesondere während und nach eines Entzugs hilft diese bedingungslose Annahme, den Selbstwert wiederaufzurichten. Die regelmäßigen Fütterungs- und Spielzeiten verhelfen zu einem strukturierten Tagesablauf und schenken Stabilität. Das Gefühl, gebraucht zu werden, sowie die Erfahrung, sich erfolgreich um sein Tier kümmern zu können, stärkt. Als Weggefährten und Freunden stehen sie uns auf dem Weg aus der Sucht tapfer zur Seite und schenken uns Kraft durchzuhalten.

Es ist längst kein Geheimnis mehr, dass Katzen ein kleines High-Gefühl ab und an sehr zu schätzen wissen. Zum Beispiel, wenn wir ihnen von Zeit zu Zeit eine kleine Session mit Baldrian, Katzenminze (catnip) oder Geißblatt gönnen. Katzenminze (catnip) beinhaltet Nepetalacton, das gewisse Ähnlichkeiten mit LSD aufweist. Die meisten Schnurrmonster reagieren auf Katzenminze, indem sie sich darin wälzen, die Blätter abzupfen und einen besonderen Gesichtsausdruck aufsetzen. Allerdings gibt es auch jene Samtpfoten, die in dieser Phase leichter reizbar sind und sich rascher aggressiv verhalten. Daher ist darauf zu achten, dass kein Artgenosse attackiert wird.

Fresssucht macht auch vor unseren Fellnasen nicht halt. Wie bei uns Menschen sind die Ursachen vielfältiger Natur wie etwa Langeweile, eine verdeckte Depression oder Stress. Zudem kann die übermäßige Nahrungsaufnahme zu einer schlechten Angewohnheit werden. Kauen beruhigt bekanntlich und manchen Vierbeinern geht es psychisch zumindest vorübergehend besser, wenn sie mehr verspeisen, als ihr Grundumsatz rät. Als Verantwortungsträger in dem KatzeMensch-Gespann müssen wir vernünftig bleiben und dürfen den Gesundheitsaspekt des Körper-Geist-Seelenwesens nicht außer Acht lassen. Auf Dauer ist Übergewicht der körperlichen Gesundheit abträglich. Keineswegs will ich voreilige Schlüsse ziehen oder jemandem etwas unterstellen, allerdings gewann ich den leisen Eindruck, dass manche Menschen einer Art Fütterungszwang unterliegen. Sie fühlen sich besser, wenn sie ihre Samtpfote füttern und diese ausgiebig frisst. Auf psychischer Ebene können sich in diesem Zusammenhang sehr alte Geschichten im Hintergrund verborgen halten. Sofern es sich bereits um eine Essstörung handelt, ist der Aspekt eines selbstverletzenden Verhaltens beim Menschen nicht außer Acht zu lassen. Zudem scheint der eine oder andere eine unbewusste Angst in sich zu tragen, dass die Mieze ihn nicht mehr liebt, ihre Zuwendung entzieht, wenn er einmal Nein sagt und nicht bei jedem Maunz den Kühlschrank für sie öffnet. Wir müssen immer wieder abwägen und das rechte Maß finden.

Anders als bei den Katzen hat für uns Menschen das gemeinsame Mahl einen wichtigen sozialen Aspekt. In Gesellschaft schmeckt es gleich viel besser. Essen ist für Mensch und Katze ein genussvoller Akt, den zumindest wir gerne teilen. Auch mit unserer Katze.

Nuckel-Manifest

Als eigenständige Geschöpfe sind Katzen bemüht, sich wenn möglich in jeder Situation selbst zu helfen. In diesem Sinn nimmt sie, um sich besser zu fühlen, die Angelegenheiten gerne in die eigenen Pfoten.

Ein Beispiel ist das fast zwanghafte »Nuckeln« und »Benuckeln«, das einen suchtähnlichen Charakter enthält. Meist werden diverse Textilien wie etwa Wolle (»Wollenuckeln«) benuckelt. Ebenso können sie uns Menschen als Opfer erwählen oder sie begnügen sich mit ihren eigenen Beinchen und Pfötchen. Ihr Blick wirkt dabei ein wenig entrückt. Als wären sie in einer anderen Welt. Gepaart ist dieses Gebaren zumeist mit dem Milchtritt (»Treteln«), der ein Überbleibsel aus der frühen Kindheit darstellt. Dieses oftmals sehr ausgiebige Nuckelverhalten scheint unsere Stubentiger zu trösten und zu beruhigen. Kätzchen, die zu früh oder zu rasch von der Mutter entwöhnt wurden oder unterernährt waren, entwickeln sehr häufig besagtes Verhalten. Mit rund einem halben Jahr endet das Auftreten oft von selbst. Bei manchen Stubentigern kann sich daraus allerdings ein lebenslanges Zwangsverhalten entwickeln. Wenn es im Rahmen bleibt und keinerlei selbstbeschädigende Formen annimmt, dürfen sich die lieben Miezen weiterhin auf diese Art beruhigen, entspannen und trösten. Vielleicht werden wohlige Emotionen der Kindheit wachgerufen, in denen Frau und Herr Katze ein kleines Bad nehmen. Ebenso können kognitive Konflikte eine Ursache darstellen.

Das Fressen diverser Textilien (»Wollefressen«) oder von Kunststoffen und Ähnlichem, wird unter der Bezeichnung »Pica-Syndrom« zusammengefasst. Da die Ursachen mannigfaltig sein können und das Verhalten lebensgefährliche Konsequenzen nach sich ziehen kann, rate ich, fachkundige Hilfe in Anspruch zu nehmen.

Wir können unseren Miezen bei allen kleineren oder auch größeren Problemen mit relativ einfachen Maßnahmen hilfreich zur Seite stehen und ihnen Erleichterung verschaffen. Allen voran mit liebevoller Zuwendung in Form bewusst gemeinsam verbrachter Zeit sowie indem wir regelmäßig mit ihnen Sequenzen eines Jagdablaufes durchspielen. Auf diese Weise tragen wir dem Raubtierwesen unserer Katzen Rechnung und sorgen für den seelischen Ausgleich, der wie eine Art Psychohygiene wirkt. Außerdem ist auf eine insgesamt katzengerechte Umfeldgestaltung mit ausreichend Ressourcen zu achten. Neben Nahrung sind das beispielsweise die sehr wichtigen, sicheren Ruhe- und Rückzugsmöglichkeiten ebenso wie erhöhte Aussichtsflächen. Darüber hinaus können unter anderem diverse beruhigende Duftöle (etwa Lavendel), Pheromontherapien sowie Bachblüten unterstützend wirken.

Bei dem Pica-Syndrom können zusätzlich – und nur zusätzlich – diverse Textilien, mit für die Katze übelriechenden und/oder abstoßend schmeckenden Substanzen, wie etwa Pfeffer oder einem bitteren Tee aus Wermutkraut, versetzt werden. Jene Miezen, die sich selbst über Gebühr putzen und/oder benuckeln, können wir ergänzend mit dem Tee die Pfötchen abbaden. Allerdings ausschließlich bei kleinen oder nur sehr oberflächlichen Wunden. Bei tieferen Verletzungen muss unbedingt der Tierarzt aufgesucht werden. Ich betone, dass es sich in diesen Fällen einzig um ergänzende Maßnahmen handelt, die eine Verhaltenstherapie nicht ersetzen. Insbesondere bei einer schweren Beeinträchtigung der Lebensqualität sowie bei Selbstbeschädigungen ist fachkundiger Rat einzuholen. Hierbei wird der individuelle Einzelfall unter Einbeziehung aller Umstände und Beziehungsgeflechte genauer unter die Lupe genommen.

Babys und Kleinkinder haben oft eine Nuckeldecke oder einen Schnuller. Daran zu nuckeln, wirkt beruhigend. Ich selbst konnte mich nach unzähligen gescheiterten Befreiungsversuchen erst im stolzen Alter von vier Jahren von meinem Schnuller trennen.

Nuckler-Königin Maunzi

Unter den handaufgezogenen Kätzchen in meiner Vergangenheit gab es nur eines, das exzessiv sich selbst, seine Menschen sowie Wolle benuckelte. Die kleine Katzendame namens Maunzi war in diesem Punkt nicht sehr wählerisch oder die innere Not war groß. Immerhin hatte sie früh ihre Mutter verloren und schien diese sehr zu vermissen. Sie war das zarteste Geschöpf im Wurf und machte insgesamt einen äußerst sensiblen Eindruck. Maunzi schien sich durch das oft sehr exzessive Nuckeln gepaart mit dem bekannten Milchtritt selbst zu trösten. Zur Erinnerung: Auch der Milchtritt ist ein Überbleibsel aus der Kleinkinderzeit. Die Kitten regen mit diesem abwechselnd massierenden Tritt mit den Vorderpfoten beim Trinken den Milchfluss der Mutter an. Die meisten erwachsenen Katzen zeigen ihn weiterhin und bringen damit ihr Wohlgefühl sowie ihr Vertrauen bis hin zu Geborgenheit zum Ausdruck. Maunzi hörte mit dem Nuckeln zwar nie auf, es hielt sich allerdings mit dem Älterwerden und in ihrem neuen Zuhause im Rahmen des Vertretbaren. Zumindest das konnten wir für sie tun: ihr liebesowie verständnisvolle Menschen finden. Ein Heim, indem sie sich sicher und geborgen fühlen konnte. Sie schien mir ein wenig mehr traumatisiert zu sein als ihre Geschwister. Geschöpfe mit Traumata im Hintergrund berühren mich in besonderem Maße. Ihre seelische Not wahrzunehmen, trifft unweigerlich mitten ins Herz. Was anderes als Mitgefühl können wir für sie empfinden?

Interessant war die Beobachtung, dass, obgleich alle Kätzchen aus dem Wurf dieselbe traumatische Erfahrung durchlebt hatten, jedes gemäß seiner individuellen Ausstattung unterschiedlich reagierte. Wahrnehmung ist bei Mensch und Tier ein subjektiver Prozess. Daher sollten wir uns immer hüten zu werten und zu urteilen. Obwohl die Miezen erst ein paar Wochen alt waren, sprang ihre deutliche Verschiedenheit auf allen Ebenen ins Auge. Der dicke Sepperl etwa, der Größte und Kräftigste im Bunde, entwickelte sich bei seinen neuen Haltern zu einem souveränen selbstsicheren Kater. Da vor dem Augenöffnen die erste Rangordnung entsteht, ist anzunehmen, dass sich der kräftige Sepperl eine der ergiebigeren hinteren Zitzen seiner Mutter erobert hatte und die kleine zarte Maunzi wohl eher eine der vorderen ergatterte. Häufig entgehen uns Rangordnungen unter Wurfgeschwistern. Auch wenn Geschwister in den überwiegenden Fällen verträglich bleiben, macht es durchaus Sinn, bei der Auswahl des Pärchens ein Auge auf die Rangverhältnisse zu werfen.

Wie Maunzis Beispiel zeigt, erfährt unser Stubentiger durch sein zwanghaftes Gebaren eine subjektive Erleichterung. Egal, ob es sich um eine vermehrte bis übermäßige Fellpflege oder um das Benuckeln von Textilien handelt.

Wir amüsieren uns über betrunkene Tiere im TV oder in YouTube-Filmen. Obwohl wir in der Tierwelt zahlreiche Beispiele finden, bei denen sich Tiere einen kleinen »Trip« oder Schwips erlauben, so bleiben die Folgen überschaubar. Der kleine Katzenminze- oder Baldrianrausch unserer Mieze ist weit davon entfernt in einer gesundheitsgefährdenden Abhängigkeit zu münden. Es ist anzunehmen, dass die Ursache unter anderem in einem stärker ausgeprägten Selbsterhaltungstrieb der Tiere liegt. Immerhin sind Abhängigkeiten und Süchte äußerst hinderlich, um sein Überleben zu sichern. Wir Menschen ticken anders und vernichten uns durchaus auch selbst. Die Abhängigkeit kann so stark sein, dass wir lieber unser Leben lassen, als etwas zu ändern. Ein wesentlicher Faktor ist Angst.

Die Menschheit hat von jeher Drogen konsumiert und sie sind in vielen Kulturen verbreitet. Daher sollte man zumindest nicht jede Droge grundsätzlich verdammen. Irgendwo hat fast jeder seine kleineren oder größeren »Rauschmittelchen«. Bei dem einen ist es das Einkaufen, bei dem anderen gutes Essen oder Schokolade. Gefährlichere Auswirkungen haben Drogen wie etwa Alkohol und anderweitige Substanzen. Ebenso sind Spiel- und Internetsucht nicht zu unterschätzen. Der Motor ist das uns innewohnende sowie angestrebte Bedürfnis nach Wohlbefinden. Also absolut nichts Verwerfliches. Drogen wurden und werden zudem gezielt eingesetzt, etwa im Schamanismus. In diesen Fällen dienen verschiedene natürliche Halluzinogene der Bewusstseinserweiterung. Die Wahl der jeweiligen Droge hängt zudem sehr mit den gesellschaftlichen Ansprüchen der jeweiligen Zeit zusammen.

Lebewesen verstoffwechseln Alkohol unterschiedlich. Einige Singvögel verfügen etwa über eine besonders große Menge eines Enzyms, das für den Alkoholabbau notwendig ist. Der Grund ist sehr einfach: Um überleben zu können, müssen sie während eines langen harten Winters in ihrer Nische vergorene Beeren verzehren. Bedingt durch besagtes Enzym sind sie nie beschwipst. Auch das Federschwanz-Spitzhörnchen ist dahingehend sehr gut ausgestattet. Obgleich es sich über viele Monate hinweg überwiegend von fermentiertem Palmnektar mit fast vier Prozent Alkohol ernährt, ist es nie betrunken. Für sie ist der Alkohol nur ein wichtiger Energielieferant.

Anders bei den Gorillas, Wildschweinen und dem Mandrill in Afrika, die sich durch das Verspeisen der Wurzel des Iboga-Strauches ab und zu einen kleinen Rausch zugestehen. Angeblich gibt es Beobachtungen, bei denen Hunde an giftigen Kröten lecken, Kängurus, die Mohnkapseln verzehren oder etwa junge Delfine, die das berauschende Gift des Kugelfisches genießen. Auch wenn Tiere sich durchaus regelmäßig ihren persönlichen Trip gönnen, so ist wie bereits erwähnt ein Sucht- und Abhängigkeitsverhalten wie bei uns Menschen nicht zu verzeichnen. Das Risiko wäre vermutlich zu groß. Eine Parallele findet sich bezüglich des Kontrollverhaltens, das durchaus suchtähnlichen Charakter annehmen kann. Angst verbirgt sich auch hier meist im Hintergrund, denn Kontrolle scheint die Welt vorhersehbarer zu machen. Abhängigkeiten können ebenso in Beziehungen erwachsen. Mit anderen Worten ist der Pool an Suchtmöglichkeiten groß. In jedem Fall machen Sucht und Abhängigkeit äußerst unfrei.

Der für Sucht verantwortliche Bereich im Gehirn ist das Belohnungszentrum. In unser aller Leben spielt es eine zentrale Rolle und wird ebenfalls genutzt, wenn wir unsere Tiere über Leckerli oder im Spiel als Belohnung etwas lehren. Fleißig schüttet es Botenstoffe aus, die uns dazu veranlassen, weiter zu agieren. Alles, was im Gehirn eine Belohnung auszulösen versteht, beinhaltet leider auch die Gefahr einer Abhängigkeit. Daher können besagte Botenstoffe ebenfalls ausgeschüttet werden, wenn wir beispielsweise Drogen, Glücks- und Computerspiele konsumieren, etwas besonders Leckeres speisen oder Sport betreiben. Da Körper, Geist und Seele nicht zu trennen sind, kann Sucht nicht auf bloße Hirnbereiche und Funktionen reduziert werden. Allerdings können wir uns das Wissen darüber für die erfolgreiche Bewältigung einer Abhängigkeit zunutze machen.

Bei Sucht und Abhängigkeit handelt es sich um simple und zugleich äußerst komplexe Mechanismen, bei denen vereinfacht ausgedrückt verschiedene Substanzen, ein wohlschmeckendes Mahl, Sport, sexuelle Befriedigung und anderes mehr, die Neurotransmitter im Gehirn dazu veranlassen, den Botenstoff Dopamin (Glückshormon) auszuschütten. Alkohol, Heroin und Kokain tun dies sehr viel direkter. Das bedeutet, dass sie den körpereigenen Botenstoffen so ähnlich sind, dass sie direkt in die Erregungsabläufe des Gehirns eingreifen. Auf diese Weise erzeugen sie ein besonders intensives Hochgefühl.

Interessant sind unsere legalen Drogen Nikotin und Alkohol. Nikotin treibt die Produktion der Botenstoffe immer weiter an. Mit dem Ansteigen des Dopamin-Spiegels wächst natürlich auch das Glücksgefühl. Ursprünglich kam Nikotin bei Soldaten zum Einsatz.

Alkohol wirkt komplexer und zwar gleich auf mehrere Botenstoff-Rezeptor-Systeme. Auf diese Weise wird das Gehirn noch mehr durcheinandergebracht. Auf der einen Seite wirkt er entspannend und auf der anderen Seite aufputschend bis euphorisierend.

Viele Menschen wollen sich offenkundig möglichst oft möglichst gut fühlen. Stress, Trauer, Angst, Einsamkeit, Depression liegen häufig im Hintergrund einer Abhängigkeit verborgen. Die Ursachen müssen gefunden und behoben werden, damit der Mensch wieder frei werden und ein freudvolles Leben führen kann. Kurzfristig mag eine Droge helfen zu entspannen und/oder zu vergessen. Langfristig kann keine Heilung eintreten und der Teufelskreis nimmt seinen Lauf. Eine weitere Unterstützung ist, sich harmlosere Kicks zu finden als gesundheitsschädliche Substanzen. Allerdings erfordert das Konsequenz sowie den aufrichtigen Wunsch zu leben und frei zu sein.

Wie wir sehen, ist das Thema Abhängigkeit und Sucht sehr komplex. Die genetische Vorbelastung bei Alkoholkranken ist ebenso ein nicht zu unterschätzender Faktor wie das soziale Umfeld. Die Wurzeln können bis in die frühen Kindheitsjahre zurückreichen. Selbst wenn erst ein späteres Trauma Abhängigkeit und Sucht hervorbrechen lässt. Außerdem ist der suchtkranke Mensch sehr oft der Symptomträger eines kranken Systems. In diesem Sinn sind Suchterkrankungen immer im Kontext der Familie und des sozialen Umfeldes näher zu beleuchten. Selbstverständlich ohne Schuldzuweisungen. Es gibt keine Schuld. Einzig Erfahrungen. Wir sollten nie vergessen, dass wir alle unsere Geschichte haben. Keinesfalls hilft es einzig und allein, eine Substanz wegzunehmen und zu verbieten. Der Sozialwissenschaftler Robert Feustel (Universität Leipzig) sagt klar, dass nicht der Stoff verantwortlich ist, dass jemand süchtig wird oder nicht. Vielmehr ist die Ursache im sozialen Umfeld zu suchen. Es spielen immer viele Faktoren zusammen, weshalb ein Mensch ein Suchtverhalten entwickelt oder nicht. Zum Beispiel macht ein erhöhtes Stressempfinden anfällig für Abhängigkeiten. Im Zuge dessen stellt sich die Frage, woher dieses kommt. Meist reichen auch hier die Wurzeln weit in die Vergangenheit zurück. Zudem können wir bei traumatisierten Menschen ein erhöhtes Risiko feststellen.

Die Frage ist nicht, was die Droge dem Menschen gibt. Die Frage ist viel mehr, was dem Menschen fehlt. Welches Loch wird zu füllen versucht? Zudem können Drogen bei traumatisierten Menschen eine Art Zuflucht darstellen, in die sie sich auf Wunsch zurückziehen können. Sie lenken sich ab, können endlich entspannen und vielleicht kurz das

Schlimme vergessen lassen. Bei der posttraumatischen Belastungsstörung ist das ein sehr klassischer Werdegang. Wolfgang Sommer, Suchtforscher am Zentralinstitut Mannheim, bringt es außerdem auf den Punkt, wenn er meint, dass wir nicht genau wissen, was den Übergang zur zwanghaften Sucht auslöst. Rein theoretisch kann fast jeder in die Suchtfalle tappen. Hüten wir uns daher vor vorschnellen Wertungen und Urteilen.

Um frei von Sucht zu werden, muss auf verschiedenen Ebenen gearbeitet werden. Auch in diesem Bereich spielen unsere Gedankenkarusselle sowie unsere Emotionen eine wesentliche Rolle. Wir sollten uns nicht länger mit dem Denken identifizieren, allerdings sehr wohl unsere Gedanken bewusst steuern und für uns nutzen. Das müssen wir ebenso wollen, wie wir uns für höher schwingende Emotionen entscheiden müssen. Zudem ist es wichtig, den Stress- und Überlebensmodus sowie die Opferrolle hinter uns zu lassen. Der Wille ist zwar ein sehr machtvolles Instrument, reicht alleine allerdings nicht aus. Es ist vielmehr ein Zusammenspiel vieler Teilbereiche, die insgesamt ein wunderbares Ganzes ergeben und wie eine Heilsalbe wirken. So können wir etwa jeden destruktiven Gedanken mit drei neuen positiven und am besten fröhlichen belegen.

Unterstützend und fast therapeutisch in diesen Prozessen kann das Spiel mit unserer Mieze sein. Vorausgesetzt, wir nehmen uns bewusst Zeit. Im Spiel werden wir ein wenig wie die Kinder, sind spontan und fröhlich wie sie und unsere Stubentiger. Wir befinden uns ganz im Jetzt oder sollten dies zumindest sein. Natürlich bin ich voreingenommen, denn ich empfinde das Spiel mit einer Katze als sehr erfrischend. Die Freude in den Augen der Katze zu sehen, wirkt ansteckend. Natürlich kann ich über ein Katzenspiel alleine nicht meine Abhängigkeiten auflösen. Sehr wohl aber können wir uns durch sehr bewusste Arbeit mit uns selbst aus unseren Süchten befreien. Voraussetzung ist, dass wir es wollen. Entscheiden wir uns in Richtung Leben oder in Richtung Tod? Es ist eine sehr bewusste Entscheidung, die nur wir selbst treffen können. Höchste Zeit, die Opferrolle für alle Zeit abzustreifen. Den Weg zu gehen, nimmt uns niemand ab. Das ist klar. Unterstützung finden wir von Menschen und reichlich von unseren Helden auf vier Pfoten. Selbst kurze Momente des Glücks helfen bei der Befreiung aus einer Sucht. Erlebe ich die Lebensfreude und den Frohsinn meines Vierbeiners, ist mein Herz auch nur ein wenig offen, empfinde ich fast wie von selbst glückliche Momente. Außerdem leben uns die Katzen die Hingabe an den Augenblick vor. Machen wir es ihnen gleich, vollzieht sich in uns wie von selbst eine Wandlung. Eine regelrechte Verwandlung. Wir brauchen nichts anderes zu tun, als Ja zu sagen und zuzulassen. Ebenso können wir Liebe fließen lassen. Dieses Ja reicht und sie fließt bedingungslos und frei von Erwartungen. Sonst wäre es keine Liebe.

Wir dürfen nicht vergessen, dass die Welt in Wahrheit ein Spiegelbild ist. Krankheit, Schmerz, Leid und Sucht haben wir uns erschaffen. Das Gute ist: Wir können das ändern! Zu jeder Zeit und in jedem einzelnen Augenblick. Denn jetzt in diesem Augenblick findet das Leben statt. Es kann weder in der Vergangenheit noch in der Zukunft stattfinden. Diese beiden sind allerdings wie Verbündete, die uns immer wieder ihre Aufmerksamkeit entziehen und uns in Angst festhalten. Das Gestern bedingt das Morgen. Heute kann ich etwas ändern. Jetzt kann ich neu gestalten. Mit jedem Gedanken, den ich denke, vermag ich Neues zu erschaffen. Mit jedem Gefühl, dass ich fühle, kann ich Veränderungen herbeiführen. Sehen wir uns die Katzen an! Sie sind im Jetzt! Egal, ob sie genussvoll ihre Maus verspeisen, frisch und froh durch die Wohnung sausen, sich begeistert von uns ihren Pelz kraulen lassen, fröhlich ihr Revier durchstreifen oder von einem erhöhten Aussichtspunkt aus die Umgebung beobachten. Sind sie weiser als wir Menschen? Vielleicht.

Liebesdienste unserer Katzen, die uns wachmachen sollen

Unsere Katze mit Gastritis kann uns auf eine innere Schieflage oder auf belastende Lebensumstände aufmerksam machen wollen. Katzen neigen nicht nur selbst zu psychosomatischen Beschwerden (körperliche Beschwerden, die ihre Ursache im Wechselspiel mit der Psyche, dem sozialen Umfeld und den Lebensbedingungen haben), sondern sie können bei einer innigen Verbundenheit unsere Beschwerden und Beeinträchtigungen übernehmen. Geschwind vermögen sie unsere verdrängten Emotionen aufzufangen und können diese in psychosomatischen Beschwerden zum Ausdruck bringen. Indem sich unsere Probleme in ihrem Körper manifestieren, machen sie uns aufmerksam und öffnen unser Bewusstsein. Sie helfen uns zu erkennen.

Für mich sind das Absprachen zwischen Tier und Mensch. Schuldgefühle sind nicht angebracht, da wir unserem Tier nicht willentlich Leid zufügen. Weil wir unsere Tiere lieben, wollen wir sie nicht leiden sehen und sind oft schneller bereit, genauer hinter die Kulissen in uns zu blicken. Die lieben Miezen spiegeln uns auch auf diesem Weg Anteile, derer wir gewahr werden sollen. Für mich ist dies eine Art Liebesdienste.

Der Mensch ist ein multidimensionales Wesen. Neben unserem physischen Körper (Soma, Leib) bestehen die nicht-physischen Anteile aus Psyche, Bewusstsein, Geist und Seele.

Unser physischer Leib besteht aus rund hundert Billionen einzelnen Zellen, die miteinander kommunizieren. Wahre Wunderwerke, die wir hegen und pflegen sollten. Selbst unsere Gedanken spiegeln sich in unseren Zellen wider. Sie antworten auf unsere inneren sowie leider oft unbewussten Überzeugungen und Einstellungen und spiegeln sie.

Deshalb ist es für uns alle sehr wichtig, bewusster zu werden sowie unsere Gedanken und Gefühle immer wieder einer Hygiene zu unterziehen. Unglaubliche Abspeicherungen finden sich in unseren Zellen. Wir können sie nur erahnen. Unsere verdrängten sowie unbewussten Anteile, unsere Schatten und blinden Flecken können nicht nur auf unserer körperlicher Ebene sichtbar werden, sondern können ebenso ihren Ausdruck im Körper unserer Vierbeiner finden. Insbesondere, wenn diese besonders gut weggepackt sind und/oder unsere Widerstände besonders groß sind. Unsere Miezen springen ein, um uns aufmerksam zu machen und wachzurütteln. Meiner Ansicht nach ist das einerseits ein Liebesakt unserer Katzen und andererseits eröffnen sich dadurch vielleicht für unsere Vierbeiner Dimensionen, Bereiche, Realitäten, zu denen sie ansonsten keinen Zugang hätten. Sie machen das freiwillig, damit wir endlich erkennen und bewusster werden. Mit der großartigen Unterstützung unserer Katze kann bei unseren Bewusstwerdungs- sowie Bewusstseinsprozesse nichts mehr schiefgehen.

Ein wichtiger Aspekt in diesen Prozessen ist zu erkennen, dass wir Eigenverantwortung zu übernehmen haben. Sagen wir der Opferrolle Adieu! Es geht immer um das Ganze. Das Ego ist zwar von den Transformationsprozessen nicht sonderlich angetan, diese sind allerdings notwendig um frei zu werden und um die Welt zu einem besseren Ort werden zu lassen. Da alles mit allem verbunden ist, sind wir auch für alles mitverantwortlich. Wir tragen hier und jetzt unseren Beitrag bei. Wir geben im gegenwärtigen Augenblick unser Bestes, aber auch nicht mehr. Zugleich tragen wir liebevoll Sorge um uns selbst und vergessen nicht, das Leben zu genießen sowie Lebensfreude Einlass zu gewähren.

Selbstverständlich bringen unsere Miezen ihre ureigenste Geschichte mit. Allerdings steht auch diese fast immer in einem gewisses Wechselspiel mit uns. Es gibt keine Zufälle. Sehr wohl aber Fügungen. Wir dürfen uns unserem vierbeinigen Gefährten gegenüber nicht schuldig fühlen, wenn sie von uns und für uns Emotionen oder Krankheiten übernehmen. Wie bereits ausgeführt, gibt es keine Schuld. Wir sammeln Erfahrungen auf unserem Weg. Die Erde ist ein Lern- und Erfahrungsplanet. Wir sind hier, um uns weiterzuentwickeln und täglich bewusster zu werden. Wir könnten auch sagen, um endlich aufzuwachen.

Da alles mit allem verbunden ist, alles Energie ist, gibt es bei einer innigen Bindung eine weitere interessante Verbindung mit unseren Katzen, die wir uns ansehen können. Dabei geht es um erkrankte Organe und die »Organsprache«, die uns weitere Denkanstöße auf dem Pfad der Erkenntnis liefern kann.

Auch wenn ich im Folgenden ein paar Körperteile herausfische, möchte ich betonen, dass weder der menschliche noch der tierische Körper als ein einfaches Zusammenwirken von Einzelteilen zu betrachten ist.

Wir können uns den menschlichen Organismus als ein hochkomplexes Zusammenspiel vieler Billionen Zellen vorstellen. Unter anderen hat sich die bereits verstorbene Louise L. Hay in ihrem Buch »Gesundheit für Körper und Seele« mit der Organsprache des Menschen beschäftigt. Wesentlich ist auch für sie, dass wir uns mit neuen Denk- und Gefühlsmustern umprogrammieren können. Einzig wir können etwas ändern sowie frischen Wind in unser Leben lassen. Auch wenn unser Körper »nur« das Werkzeug unseres Bewusstseins ist, so sollten wir ihm zuhören. Er spricht sogar über unsere Katzen zu uns. Oft ist es nur eine Frage der Perspektive, die wir einnehmen. Lernen wir zu experimentieren, verlassen wir bekannte und ausgetretene Pfade, gönnen wir es uns, neue Wege zu beschreiten, neue Gedanken zu denken und neue Gefühle zu fühlen. Unsere Worte sind der Ausdruck unserer Gedanken und diese sind äußerst schöpferisch. Auch diesem guten Grund sollten wir stets untadelig mit unseren Worten sein und diese mit Bedacht wählen.

Immerhin folgt die Energie immer unserer Aufmerksamkeit. Was wir über andere denken und aussprechen, ziehen wir in unser eigenes Leben. Lassen wir die Widerstände los und uns auf scheinbar Unbekanntes ein! Gehen wir einen Schritt weiter und heißen das Unbekannte herzlich willkommen.

In den folgenden Ausführungen beziehe ich mich einerseits auf dokumentierte Fallbeispiele der Tierärztin Irmgard Baumgartner. Sie beschreibt Krankheitsbilder von Haustieren, die aus psychosomatischer Sicht das mentale und psychische Befinden des Tierhalters widerspiegeln können. Andererseits beziehe ich mich auf Louise L. Hay, die detailliert den Einfluss unseres Denkens und Fühlens auf den menschlichen Körper beschreibt. Da Katzen zur Bühne menschlicher Erkrankungen werden können, sprechen in diesen Fällen ihre Organe stellvertretend für jene ihres Menschen. Ich möchte einzig und allein Denkanstöße liefern, denn unser aller Dasein ist weit komplexer und dementsprechend sind die Ursachen für Krankheit, Leid und Schmerz ebenfalls eine äußerst vielschichtige Angelegenheit. Meiner Ansicht nach gibt es nicht nur eine Ursache für ein Krankheitsgeschehen. Das wäre eine zu einspurige Sicht der Dinge und so funktioniert Leben gewiss nicht. Dementsprechend muss die Erkrankung unserer Mieze nicht zwingend mit uns in direktem Zusammenhang stehen. Katzen können beispielsweise ebenso erkranken, wenn wir ihnen die Möglichkeit eines artgerechten sowie ihrem Wesen entsprechenden Lebens nehmen.

Ich greife nun einige körperliche Beschwerden heraus, die bei Katzen auftreten können. Wenn Ihre Katze damit zu tun hat, kann es, wie beschrieben, von Vorteil sein, auch den eigenen Körper und vielleicht damit in Zusammenhang stehenden mentale Probleme einer Inspektion zu unterziehen. Es ist sinnvoll, sich die Frage zu stellen, welche Botschaft für uns in dem erkrankten Organ der Katze stecken könnte und vielleicht damit in Zusammenhang stehenden mentalen Probleme einer gründlichen Inspektion zu unterziehen.

- *Leber:* Sie ist ein äußerst dankbares sowie faszinierendes Organ. Irmgard Baumgartner stellt bezüglich der erhöhten Leberwerte einer Katze die Frage in den Raum: »Wie gehe ich (der Mensch) mit meinem Leben um?«
Nach Louise Hay finden wir bei der Organsprache der Leber Unterscheidungen, ob es sich um eine Leberentzündung oder andere Leberprobleme handelt. Eine Entzündung zeigt unter anderem den Widerstand gegen Veränderung.
Zudem gilt die Leber als Sitz von Wut, Groll und Zorn. Unsere Leber reagiert sehr sensibel auf besagte Emotionen. Mit anderen Worten können Gefühle, diese faszinierende chemische Fabrik in uns, krank machen. Ebenso ist es möglich, kollektive Wut, Angst und/oder kollektiven Zorn wahrzunehmen und unter Umständen zu übernehmen. Wir treten öfter mit unserem Umfeld in Resonanz, als uns manchmal lieb ist. Keineswegs möchte ich gewisse Dispositionen für ein organisches Krankheitsbild außer Acht lassen. Dennoch gibt es immer ein Wechselspiel.

- *Blase:* Katzen neigen zur Psychosomatik der Blase. Sehr oft finden wir diese Problematik auch bei den Tierhaltern und/oder nur den seelischen Hintergrund. Angst, Stress, Druck aus Erwartungsängsten, sorgenvolle Unruhe oder generelle Nervosität können sich auf die Blase schlagen.
Der neurobiologische Draht zwischen Psyche und Blase ist längst nachgewiesen. Auch das bettnässende Kind steht unter Druck. Nach Louise L. Hay halten Menschen mit Blasenentzündungen häufig an alten Vorstellungen fest, sind ängstlich und haben Angst loszulas-

sen. Auf den psychosomatischen Stubentiger ging ich ausführlich in meinem Buch »*Die besorgte Katze*« ein. Haben Sie einen solchen Kandidaten zu Hause, forschen Sie am besten auch ein wenig bei sich nach. Alles kann und nichts muss sein.

- *Niere:* Wir finden heute leider sehr viele nierenkranke Katzen. Nicht immer sind es Spiegelungen unserer psychischen Situation, sondern häufig jene der Ernährungslage, wie etwa wenn Trockenfutter gefüttert wird.
Wie sieht es mit unserer eigenen Ernährung aus? Wie gehen wir mit unserem Gefährt, dem Körper um? Meiner Erfahrung nach ist die Niere ein eher schwaches und leicht anfälliges Organ. Sie benötigt viel Obsorge und gute liebevolle Pflege. Im Vergleich hierzu ist die Lunge meist ein starkes Organ. Die Niere hat allerdings den Vorteil, dass sie doppelt vorhanden ist. Fällt eine aus, so ist das Leben mit einer gesunden Niere möglich.
Die Niere steht sowohl für den Ausgleich innerer Gegensätze, Seelisches loszulassen sowie auch für das Miteinander und Beziehungen. Insbesondere dann, wenn wir keine Lösung suchen oder finden. Blasen- und Nierenproblematiken können Hand in Hand gehen. Bei Louise L. Hay finden wir in ihrem bereits erwähnten Buch wie bei der Leber eine Unterscheidung in Nierenentzündung und Nierenproblematik. Eine Nierenentzündung steht für Überreaktion auf Enttäuschung und Versagen. Nierenproblematiken spiegeln uns Versagen, Enttäuschung, Kritik und womöglich sogar Scham wieder. Wir könnten auch sagen, dass wir wie kleine Kinder reagieren.

- *Durchfall:* Nach Louise L. Hay werden uns damit häufig unsere Ablehnungen und Ängste vor Augen geführt. Was vermögen wir nicht zu verdauen und warum? Existenzangst bis hin zu Lebensangst und mangelnde Flexibilität können unter anderem Themen sein, die sich im Hintergrund verborgen halten.

- *Erbrechen:* Natürlich gibt es verschiedene Ursachen für Erbrechen, dennoch »finde ich alles zum Kotzen«. Was kann und/oder will ich nicht in mich aufnehmen und integrieren? Warum habe ich so viel Unverdauliches in mich aufgenommen und nicht nein gesagt? Erbrechen zeigt zudem Abneigung und Abwehr.

- *Verstopfung:* Was kann ich nicht loslassen? Was hält mich zurück, mit dem Fluss des Lebens zu gehen?

- *Glaukom (grüner Star):* Auch Katzen können an einem Glaukom erkranken. Der grüne Star hat nach Louise L. Hay mit einer starren Unversöhnlichkeit zu tun. Alles scheint zu viel, und eine bereits alte Verletztheit übt Druck auf uns aus. Auch Ruediger Dahlke und Irmgard Baumgartner führen das Glaukom in ihrem Buch »Das Tier als Spiegel der menschlichen Seele« an. Sie sprechen von einer »schmerzhaften Sicht unter großem Druck«. Oft hängen diese mit bereits sehr alten und lange währenden emotionalen Wunden zusammen. Wie viele Tränen wurden zurückgehalten im Laufe des Lebens und/oder in der Kinderzeit? Nicht nur die Tränen konnten und können nicht fließen. Auch die eigenen Gefühle sowie der Zugang zu ihnen ist oftmals blockiert. Bei meinen Beobachtungen beggneten mir Menschen, die im tiefsten Innersten wie eingefroren sind. Ihre innersten Gefühle sind gut weggepackt. Niemand, nicht einmal sie selbst, finden Zugang. Aus Angst vor dem Schmerz, der mit ihnen einhergehen könnte. Oft kann nicht gesehen werden, was wirklich war und ist. Angst und Schmerz sind gut verstaut. Einmal mehr dürfen wir einen Blick in unser Innerstes werfen, wenn unser Stubentiger plötzlich an einem Glaukom erkrankt.

Manche Menschen können wir nicht heilen, weil sie die Krankheit benötigen, um bewusster zu werden, sich weiterzuentwickeln und zu wachsen. Mit einer vollständigen Heilung würden wir ihnen ihre Lernchance nehmen. Unsere Seelen haben sich gewiss viel vorgenommen und niemand kennt den Seelenplan seines Gegenübers.

Jede körperliche Erkrankung zeichnet zugleich ein seelisches Bild. Obgleich es immer sinnvoll ist, den Vorhang wegzuziehen und einen Blick hinter die Kulissen zu werfen, will ich keineswegs verallgemeinern. Da es sich bei einer Krankheit immer um ein sehr komplexes Geschehen handelt, inklusive spiritueller Anteile, muss ausnahmslos der Einzelfall als solcher geprüft werden. Zudem muss vor Schuldzuweisung oder eigenen Schuldgefühlen gewarnt sein. Eine Erkrankung ist ein Hinweis. In erster Linie ist es wichtig, uns sowie die Erkrankung in Liebe anzunehmen und unser Gemüt zu beruhigen. Verurteilungen bringen uns niemals weiter. Sehr wohl allerdings Vergebung. Ebenso bringt es uns nicht voran, wenn wir in einer Opferrolle verharren. Der größte Heiler, die beste Heilerin ruht in uns selbst. Die stärkste Heilkraft ist die Liebe. Um zu gesunden, kommen wir nicht umhin, den Weg nach innen anzutreten und einiges in unserem Leben zu ändern.

Psychiatrische Krankheitsbilder wie Schizophrenie, Borderline-Persönlichkeitsstörungen und Ähnliches sollten einer gesonderten Betrachtung unterzogen werden. In diesen Fällen rate ich zu einer kompetenten Psychotherapie.

Auf Seelenebene haben wir alle unsere Absprachen getroffen und helfen einander. Wie beschrieben können Katzen von uns Gefühle, Stimmungen oder Gemütslagen ebenso übernehmen wie Krankheiten. Nicht jede erkrankte Katze weist automatisch auf einen erkrankten Tierhalter hin. Sehr wohl kann sich aber im nähere Umfeld, in der Familie, eine Erkrankung versteckt halten. Da alles Energie ist, wir mit uns nahestehenden Menschen und Tieren energetisch eng verbunden sind, spielt die dazwischen liegende Kilometerzahl keine Rolle. Es schadet nie, wenn wir bei einer Erkrankung unserer Samtpfote auf unsere unter Umständen belastenden, ungesunden und im wahrsten Sinne des Wortes krankmachenden Lebensumstände aufmerksam werden. Natürlich können uns die mit uns innig verbunden Schnurrmonster auch »nur« auf unsere emotionale Schieflage hinweisen, die wir brav zu verdrängen suchen. Da wir uns dieser manchmal nicht bewusst sind, sie für uns normal geworden sein kann, weise ich wieder darauf hin. Wir kannten es nie anders, wissen nicht, dass anderes möglich ist. Wer weiß, vielleicht merkten wir nicht, dass wir über geraume Zeit nicht mehr lachten. Es hat uns niemand darauf aufmerksam gemacht. Unter Umständen sind wir unser gesamtes Leben hindurch in depressiven Stimmungen gefangen und wissen nicht, dass wir glücklich und fröhlich durch das Leben gehen könnten. Wir wissen nicht, wie das ist, weil wir es nie erfahren haben. Jeder hat ein Recht auf Freude in seinem Leben. Außerdem sind Glück und Freude sehr wichtige Bereiche in unser aller Dasein. Aus all diesen und mehr Gründen sind wir aufgefordert, genauer hinzusehen und unseren Miezen sowie den Prozessen des Lebens zu vertrauen.

Denken und Fühlen bedürfen der regelmäßigen Überprüfungen und der dringenden Reformen. Stehen wir etwa einer Krebserkrankung mit Ablehnung oder gar unbewusster Angst gegenüber, könnten wir eventuell plötzlich eine Allergie auf die an Krebs erkrankte Katze entwickeln. Natürlich kann ein allergischer Schub ebenso durch Stress ausgelöst werden.

Weil jeder von uns seine ureigenste Geschichte sowie individuelle Disposition mitbringt, müssen wir uns vor vorschnellen Urteilen hüten und immer jede Situation als absoluten Einzelfall betrachten. Wir sind aufgefordert, immer wieder einen Blick hinter die Kulissen zu wagen und die Perspektive zu wechseln.

Krafttier und Orakel-Katze

Wenn wir unsere Freunde zu ihren Krafttieren befragen, bekommen wir Aussagen wie: »Mein Krafttier ist der Adler mit seinem scharfen klaren Blick!« oder »Ich fühle mich von dem Bären mit seinem Mut, seiner Kraft und seiner Stärke gut begleitet!« oder »Schwein gehabt – ich stehe mit dem Glück auf du!«

Was aber bedeuten Krafttiere? Hierbei handelt es sich um Geistwesen in Tiergestalt, die uns als spirituelle Begleiter zur Seite stehen. Krafttiere werden häufig auch als »Totemtiere« bezeichnet. Wesentlich sind jene dem Krafttier zugeschriebenen Eigenschaften, die wir aufgefordert werden, mehr zu entwickeln. Häufig leben wir nur einen kleinen Teil unsere Talente und Begabungen aus. Unentdeckte Potenziale schlummern nur zu oft in uns, die erweckt werden wollen.

Wen wundert es, dass auch unsere Katzen Krafttiere sind. Sie stehen unter anderem für Freiheit, Unabhängigkeit, Hingabe, Wahrnehmung, Sinnlichkeit, Freude und Wachsamkeit. In der Sinnlichkeit spiegelt sich in Vollkommenheit die Fähigkeit wider, mit allen Sinnen wahrzunehmen und somit auch der Spürwahrnehmung ihren Raum zu geben. Mit unserer sinnlich feinen Spürwahrnehmung erfassen wir die wahre Wirklichkeit hinter den Dingen.

Katzen sind ebenso sanftmütig wie äußerst wehrhaft, wenn es denn sein muss. Mit ihrer unglaublichen Feinsinnigkeit überraschen sie uns Menschen immer wieder aufs Neue. Gleichermaßen können unsere Miezen sehr eigenwillig sein. Das entspringt ihrer sehr ausgeprägten Authentizität. Sanftmut und Eigenwilligkeit sind keine Widersprüche. Zu seinem wahren Sein zu stehen, ist keineswegs im Widerstreit zu einem ansonsten sanften, einfühlsamen Wesen. Mit ihren geschmeidig fließenden Bewegungen scheinen unsere Schnurrmonster insgesamt mit Leichtigkeit im Fluss des Lebens zu wandern. Sie lehren uns, was wirklich wichtig ist im Leben, und was wir getrost loslassen dürfen. Dies alles immer mit dem gewissen Blick nach innen.

Beispielsweise können wir uns von dem Krafttier Katze den Weg zu unserer inneren Freiheit zeigen lassen. Katzen werden sich nie unterwürfig verhalten oder sich unter Druck zu etwas zwingen lassen. Ist es nicht vielmehr so, dass Miezen mit einem besonderen Bewusstsein über die geistige Welt ausgerüstet zu sein scheinen? Sie leben in Einklang mit sich, ihrem wahren Wesen und ihrer Intuition. Auf diese einfache Art weisen sie uns den Weg zu unserer Intuition und zu wahrer innerer Freiheit. Sie leben uns vor, nicht allein auf unsere Augen zu vertrauen und unsere Spürwahrnehmung zu verfeinern. Dies führt zu einem ganzheitlichen intuitiven Verstehen, das nicht vieler Worte bedarf. Das Herz weiß, während das Gehirn denkt.

Als Krafttier wird uns die Katze beschützen und begleiten. Dies kann ein paar Jahre oder bis zum Rest unserer Tage auf Erden sein. Manchmal sind sie auch nur für die Lösung eines speziellen Problems an unserer Seite. In jedem Fall finden wir heilende Kräfte in unseren Krafttieren. Wie wir wissen, verbringen unsere Stubentiger gerne ihre Tage mit Beobachtungen und tun das frei von Bewertungen. Ein weiterer Punkt, den wir von Katzen lernen können. Da wir Menschen dazu neigen, bei jeder Gelegenheit zu bewerten, vermag uns das Krafttier Katze beizustehen, endlich davon abzulassen. Die Gedanken rattern und rattern. Die meiste Zeit über stehen wir sogar in Identifikation mit unserem Denken. Viel sinnvoller und zielführender ist es, zum stillen Beobachter seiner Gedanken, Gefühle und seines Egos zu werden. Gänzlich frei von Bewertungen. Auf diese Weise fällen wir weit bessere Entscheidungen.

Wir können beobachten, dass viele Samtpfoten »Störfelder« wie etwa Orte an Wasseradern oder Erdstrahlen aufsuchen. Katzen verfügen über die Gabe, negative Schwingungen und Strahlungen aufzuspüren. Die Vermutung liegt nahe, dass Katzen diese sogar ableiten können. Unsere Miezen sind eindeutig sehr faszinierende Geschöpfe. Des Weiteren dient das Krafttier Katze als Schutzgeist und sendet negative Schwingungen, Energien, Einflüsse an den Urheber zurück. Ebenso werden Flüche und Verwünschungen dem Adressaten retourniert.

Krafttier oder nicht, jedenfalls können wir von unseren Katzen lernen und oft fungieren sie als eine Art spirituelle Begleiter. Auf unglaublich sanfte Weise machen sie uns auf wesentliche Bereiche aufmerksam. Absolut ohne Druck oder Zwang. Die Entscheidung liegt immer bei uns, ob wir ihre Unterstützung annehmen oder nicht. Der freie Wille ist heilig. Vor allem helfen uns die lieben Miezen, unsere Sinne endlich zu verfeinern. Nicht zuletzt deshalb, damit wir unsere Schnurrmonster besser verstehen. Da sie äußerst subtil kommunizieren, werden wir allmählich aufgefordert, unsere Spürwahrnehmung sowie unsere Intuition zu trainieren. Als spirituelle Geschöpfe geleiten und unterstützen sie uns seelenruhig auf unserem Weg nach innen, zu unserem wahren Sein.

Katzenträume und Katzenorakel

Können Sie die Frage danach, ob Sie von Katzen träumen, mit einem klaren Ja beantworten, kann das mehr bedeuten, als dass Sie sich nach einer Samtpfote sehnen oder dass Sie

Ihr Jungspund über Gebühr fordert. Ich persönlich träume kaum von Katzen und kann nicht bestätigen, ob es stimmt, dass ein Traum mit wilden Katzen vor einem Streit mit Nachbarn warnt. Ein Biss von einer Katze kann auf falsche Freunde hindeuten und gemahnt zur Vorsicht. Wunderbar sind positive Träume mit Stubentigern, die mir eine sanft anwachsende Liebe anzeigen.

Seit jeher spielen außerdem Orakel im Leben der Menschheit eine Rolle, wie etwa das bekannte I-Ging, das Lesen aus Kaffeesud oder Teeblättern, die Kartenorakel, wie etwa die Tarot-Karten, das beliebte Bleigießen, Baumorakel und viele mehr. Das berühmteste Orakel ist wohl das Orakel von Delphi.

Im Allgemeinen wird über ein Orakel eine höhere Instanz befragt. Ebenso können unbewusste Anteile widergespiegelt werden. Wir tragen vielleicht eine Ahnung in uns, vertrauen dieser aber wenig. Letztendlich finden wir die Antwort auf alle Fragen in uns selbst, denn in Wahrheit gibt es keine Trennung. Wie innen so außen. Kein Orakel der Welt kann eine Lösung, sondern einzig und allein eine Hilfe darstellen. Ein Wegweiser, wenn man so will. Wie gesagt, könnten wir genauso gut unser Innerstes, die Quelle in uns, direkt befragen oder unser Unbewusstes anzapfen. Auch unsere Katze fängt bei einer Orakelbefragung schlicht unsere teils unbewussten Schwingungen auf und spiegelt – vereinfacht ausgedrückt – die in unserem Unbewussten ruhende Antwort wider.

Jeder von uns ist in der Lage, seine eigenen medialen Veranlagungen zu verfeinern und zu trainieren. Als kleine Menschlein haben wir allerdings nicht wirklich den Überblick und diesen kann einem das Orakel verschaffen. Zu oft sind wir blind hinter dem Schleier oder Nebel des Vergessens, wie abgetrennt von unserem wahren Sein. Regelmäßig sind wir in unserem Denken gefangen. Unsere Herzen sind oft durch Schmerz, Trauer, Pein verschlossen. Weil das seit sehr Langem so ist, merken wir es nicht mehr. Längst wollen Türe und Tore aufgestoßen werden. Die Seele will die Führung übernehmen. Frische Energien mögen all unsere Zellen durchpusten und mit einem neuen Bewusstsein überschwemmen.

Katzen helfen uns auf dem Weg zu unserem Innersten. Sie zeigen uns, worauf es ankommt und lehren uns die Intuition, wie einen Muskel, zu trainieren. Mit ein wenig Training vermögen wir ganz leicht mit unseren Tieren über unsere Intuition, Spürwahrnehmung sowie telepathisch zu kommunizieren. Wir haben es nur vergessen und dürfen uns jetzt wieder erinnern. Hierbei kann Mediation hilfreich sein, wobei wir unsere persönliche Meditationsform selbst kreieren können. Das Wissen sowie die Fähigkeiten liegen in uns.

In diesen Prozessen stärken wir unser ureigenstes Wesen, damit verbunden richten wir unseren Selbstwert in der Gesellschaft auf und lernen, unserem Selbst zu vertrauen. Die Wahrheit steht in uns selbst geschrieben. Um ihr zu lauschen, dürfen wir in die Stille gehen. Allerdings halten viele Menschen diese nur schwer aus. Innenschau, in die Stille zu gehen, kann in der Meditation praktiziert werden. *Kann*, denn die Wege sind individuell. Der Erleuchtung ist es egal, wie wir sie erlangen. Wesentlich ist, dem Ruf seiner Seele zu folgen. Denn einzig dieser Pfad führt über Hingabe, inneren Frieden und tief empfundene Freude wie Dankbarkeit zu Glückseligkeit. Die lieben Schnurrmonster begleiten sowie unterstützen uns eifrig. Am Ende dieses Weges benötigen wir kein Orakel der Welt mehr. Bis dahin aber kann es manchmal hilfreich sein, uns neu zu sortieren und wieder Vertrauen in den Fluss des Lebens zu fassen. Alles ist gut, wie es ist. Es ist keine Schande, wenn uns zwischendurch der Mut abhandenkommt. Nichts ist verloren.

Katzenorakel sind sehr alt. Bereits vor Tausenden von Jahren erkannten Schamanen die mystischen Kräfte der Katzen und waren befähigt, durch die Kraft der Katze treffende

Vorhersagen zu machen. Im 14. Jahrhundert beispielsweise stand das Katzenorakel bei den Damen am Hofe hoch im Kurs. Leider verlor im 16. Jahrhundert das Katzenorakel an Relevanz und geriet in Vergessenheit.

Ebenso alt wie die Befragung der Orakel ist die Frage, ob Schicksal oder doch der Zufall unser Leben bestimmen. Auf Seelenebene trafen wir Absprachen in Liebe und beschlossen unser Dasein. Nach bestem Wissen und Gewissen sind wir bemüht, unseren Seelenplan erfolgreich umzusetzen. Die Wege wählen wir im Sinne der Eigenverantwortung und des freien Willens selbst. Für viele unter uns stellt sich heute die Sinnfrage mit erneuter Kraft und Intensität. Auch hier können wir uns Frau und Herrn Katze zum Vorbild nehmen. Sie sind. Und das vollkommen gegenwärtig.

Was zählt wirklich im Leben? Ist es das große Auto vor der Türe, die Jugendstilvilla oder der gesellschaftliche Rang und Namen? Oder sind es viel mehr wahre Liebe, Freude, Frieden im Herzen, Freiheit bis hin zur Glückseligkeit? Lernen wir, das Wesentliche von Unwesentlichen zu trennen sowie uns auf das Wesentliche zu konzentrieren! Katzen wirken zwar manchmal ambivalent in ihrem Verhalten, sind es allerdings keineswegs. Sie wissen, was sie wollen. Da unsere Schnurrmonster als äußerst spürende Geschöpfe mit sehr feinen Sinnen gesegnet sind, wird das Katzenorakel erst möglich.

Zugleich ist bei den Orakelbefragungen Vorsicht geboten. Nur zu gerne hören oder sehen wir, was wir hören oder sehen wollen. Im Gegensatz zu unseren Stubentigern sind wir wahre Meister im Verdrängen, Abspalten, im Schönreden und Zurechtlegen. So nach dem Motto: Es kann nicht sein, was nicht sein darf. Katzen sind direkt. Nichts wird unter den Teppich gekehrt. Katzen verbiegen sich keinen Wimpernschlag lang. Sie sind authentische, wahrhaftige Geschöpfe und absolut klar in ihren Mitteilungen. Dies allerdings nur, wenn wir sehr klar die jeweilige Frage stellen.

Mystische Katze

Das Wort »Orakel« leitet sich vom lateinischen »oraculum« ab und bedeutet übersetzt »Götterspruch«. Eine Orakelbefragung ist eine Art Brauch, bei dem der Mensch in einem Ritual mit bestimmten Mitteln (oft an einem bestimmten Ort und zu einer bestimmten Zeit) einen Vorgang initiiert, um ein Zeichen oder eine Antwort als Entscheidungshilfe zu erhalten oder um Geschehnisse zu enthüllen, nach denen er sein Verhalten ausrichtet. Ob höhere Mächte oder das eigene Unbewusste zu Rate stehen, darf jeder für sich selbst entscheiden.

Wir erhalten ob der Komplexität der Aussagen für uns oft leichter erfassbare Aussagen, je besser wir die befragte Katze kennen. Dennoch ist es ab und zu angezeigter, einen fremden Vierbeiner zurate zu ziehen. Am besten ist es wir hören tief in uns hinein, was für diese Frage und in dieser Situation stimmiger ist. Auch das Geschlecht ist neben der Persönlichkeit des Schnurrmonsters zu berücksichtigen. Nicht jedes Tier gibt zu allen Themenbereichen gerne Auskunft. Hier spiegelt sich die jeweilige Individualität unsere Samtpfoten ebenso wider, wie ihr eigenständiges Wesen. Nur wenn sie wollen, werden sie für uns ein Orakel sein. Wenn sie sich darauf einlassen, dann dürfen wir dies durchaus als einen Liebesdienst wahrnehmen. Sie tun nichts, um uns zu gefallen oder um unsere Gunst zu erlangen. Sie tun es mit ihrer ganzen Kraft für uns, weil sie es wollen. Absichtslos ist zutreffend. Das ist eines der vielen wunderbaren Dinge an Katzen, die ich so sehr liebe und schätze. Wir dürfen danke sagen.

Zudem ist es sehr wichtig, die Frage immer möglichst klar, präzise und eindeutig zu formulieren. Als Vergleich stellen wir uns vor, wie wir etwa Äpfel auf dem Markt kaufen. Nur auf eine auf diese Weise gestellte klare Frage, kann eine klare Antwort folgen.

In Anlehnung an das Buch »Das Katzenorakel« von Ariel Bunari will ich einige Anregungen geben. Wer weiß, vielleicht entdecken Sie Ihr persönliches Orakel in Ihrer Katze. Wie bereits erwähnt müssen wir bei den Fragen innerlich frei, leer und klar sein, um keinen Fehlinterpretationen durch unbewusste Wünsche oder Verfärbungen bedingt durch unsere Gefühlswelt zu erliegen. Wir müssen immer auch respektieren, nicht alles im Vorfeld zu erfahren. Immerhin verfügen wir über das Geschenk des freien Willens. Manches im Leben scheint festgelegt zu sein, in anderen Bereichen unseres Daseins bestehen Spielräume und Gestaltungsmöglichkeiten. In jedem Fall ist das Anerkennen der Eigenverantwortung von zentraler Bedeutung.

Wie läuft ein Katzenorakel ab?

Als Beispiel für die Befragung greife ich das Thema Gesundheit heraus, das einen der ältesten Bereiche des Katzenorakels umfasst.

Aussagekräftig sind besonders die mit der typischen Körpersprache einhergehenden, fein nuancierten sowie unterschiedlichen Lautäußerungen unserer Mieze. Außerdem wird das katzentypische Räkel-Verhalten in diesem Zusammenhang mehrfach beschrieben. Die Lautgebungen reichen von Stillschweigen über kleine Maunzer, lautstarkes Miauen bis hin zu Fauchen und Knurren. Außerdem können wir Fragen über andere Personen stellen. Je besser die Katzen diese kennt, desto genauer fallen die Antworten aus.

Der beste Weg für uns ist, Krankheit überhaupt zu verhindern. Daher umfasst der Bereich Gesundheit auch Fragen zu unserem Allgemeinbefinden sowie zu unserer Gesunderhaltung. Da nach schweren Krankheiten die Gesundheit langsam wiederhergestellt werden muss, können wir auch hierzu Fragen stellen. Selbstverständlich geht es gleichwohl um das seelische wie um das körperliche Wohlbefinden.

Katzen sind soziale, aber nicht immer gesellige Lebewesen. Vielleicht fällt es ihnen auch aus diesem Grund leicht, ein ausgewogenes Maß an Nähe sowie einen gesunden Abstand zu der Frage einzunehmen. Sie nehmen sozusagen einen neutralen Standpunkt ein.

Nehmen Sie sich bewusst Zeit, kommen Sie zur Ruhe, liefern Sie Ihrer Katze alle notwendigen Informationen, formulieren Sie Ihre Frage sehr genau und schreiben Sie diese am besten auf. Als Ort des Geschehens empfehle ich ein ungestörtes sowie ruhiges Zimmer, in dem sich Ihre Katze und Sie wohlfühlen. Die Wohlfühlatmosphäre ist eine wichtige Voraussetzung. Zuvor lüften Sie am besten gut durch und schaffen eine insgesamt angenehme Atmosphäre. Vielleicht führen Sie gemeinsam mit Ihrer Katze zuvor noch eine kleine Meditation durch. Nehmen Sie hierbei richtig in sich Platz. Wesentlich ist, dass Sie beide entspannt und innerlich ruhig sind. Auch wenn die Orakelbefragung in etwa nur dreißig Minuten in Anspruch nimmt, so stellen Sie sich bitte dennoch vor, dass Sie unendlich viel Zeit haben. Unter Druck und Stress wird es nicht funktionieren. Ihre Katze übernimmt sofort Ihre Spannungen und es ist kein sinnvolles Ergebnis zu erwarten. Prüfen Sie daher immer gut nach, wie Sie sich gerade fühlen und ob Sie auch wirklich in Ihrer Mitte ruhen. Nachdem unsere Mieze ruhig und entspannt ist und uns ihre volle Aufmerksamkeit schenkt, können wir unsere Frage an sie richten.

Dann heißt es warten. In den kommenden zehn bis zwanzig Minuten beobachten wir sehr genau die lieben Mieze und achten besonders auf Lautgebungen, Handlungen, Gesten, die unser Schnurrmonster mehrfach ausführt. Das ist die Hauptaussage! Allerdings kann sie uns auch eine Kombination unterschiedlicher Aussagen bieten. Mit

Gewissheit bedarf es geduldigen Trainings, ehe wir unsere Mieze richtig verstehen. Dann und wann hat unser Stubentiger auch schlicht und ergreifend nichts zu sagen. Warum auch immer. Vielleicht wird das Thema als zu unwichtig erachtet oder wir sollen den Pfad der Erkenntnis alleine beschreiten. Übung macht auf jeden Fall den Meister. Also bitte nicht die Geduld verlieren. Bei Unsicherheiten, ob der Antwort, dieselbe Frage bitte frühestens erst nach drei Tagen wieder an die Mieze richten. Es kann zudem sinnvoll sein, die Frage neu zu formulieren, sodass die Katze einen neuen Bezugspunkt findet.

Es folgen nun ein paar wenige Beispiele, damit Sie sich ein Bild machen können. Die erste spontane Eingebung, wenn wir unserer Katze nach der Befragung beobachten, ist oft aussagekräftig. Durchaus kann es hilfreich bis notwendig sein, wenn Sie sich mehr öffnen, sowie im Geist und im Denken flexibler werden. Lernen wir mit unseren inneren Augen zu sehen und mit unserem inneren Ohr zu lauschen.

Weiters stellt sich die Frage: Was löst die erhaltene Interpretation in mir aus?

Beispiele für Fragen, Antworten und Interpretationen

- *Frage:* Ich fühle mich energielos und erschöpft. Worauf habe ich zu achten, damit es mir besser geht?
  Antwort: Die Katze miaut leise (die Intensität ist hier aussagekräftig):
  Dies kann im Sinne von Liebe und Tatenlosigkeit interpretiert werden. Wie wir wissen, ist Liebe die stärkste Kraft und somit auch die stärkste Heilkraft. Dies beinhaltet natürlich auch die Liebe zu uns selbst, die nicht mit Egoismus oder Narzissmus zu verwechseln ist. Wir

sollen uns auf das Wesentliche in unserem Leben konzentrieren und für unsere Gesundheit Eigenverantwortung übernehmen. Gesundheit ist unsere höchstes Gut und um diese zu verbessern, können wir durchaus viel unternehmen. Eigeninitiative ist von uns gefordert. Das Leben will ebenso fließen dürfen wie die Liebe. Geben und Nehmen wollen immer im Fluss sein. Unsere gesunde Eigenschwingung wird außerdem rasch von negativer fremder Schwingung belastet. Auch hier ist Vorsicht geboten. Gedankenhygiene ist ebenso wichtig wie mit welchen Menschen wir uns umgeben.

- *Frage:* Ich habe immer wieder Schmerzen bis hin zu leichten Koliken im Oberbauch. Zudem schlafe ich sehr schlecht. Was ist die Ursache, was kann ich ändern?
Antwort: Katze faucht:
Fauchen kann ein Hinweis auf Zorn und Intoleranz sein. Sehr eindeutig wird uns hier der Spiegel von unserem Vierbeiner vor die Nase gehalten. Sowohl das Verhalten anderer als auch uns selbst gegenüber bedarf einer genaueren Betrachtung. Wie hoch sind meine Erwartungen und Ansprüche mir und meinem Umfeld gegenüber? Wird die Messlatte zu hoch gelegt, kann dies rasch zu einem Stolperstein werden. Zu hoch gesetzte Ziele werden nicht erreicht und übrig bleibt unser Verdruss sowie unsere Frustration. Wenn andere meine Ansprüche nicht erfüllen können, belasten wir sie, uns und unsere Beziehung. Aufkeimender Ärger und Zorn führen rasch zu permanenter Anspannung und Gereiztheit. Das Ergebnis kann eine ständige Unzufriedenheit sein, die über kurz oder lang krank machen kann. Zudem werden wir für unser Umfeld ungenießbar und verbreiten eine äußerst unbehagliche Atmosphäre. Hier müssen wir dringend an uns arbeiten. Nehmen wir uns wieder die Katzen zum Vorbild. Sie leben ganz im Hier und

Jetzt, sind immer gegenwärtig. Dies sollten wir ihnen gleichtun. Wichtig ist, die Ansprüche an sich und die anderen herunterzuschrauben. Legen wir die Messlatte etwas tiefer, können sich auch endlich Erfolge einstellen. Wir dürfen die Freude beim Erreichen der Ziele genießen, so, wie sich die Katze beim Erlegen ihrer Beute freut. In weiterer Folge dürfen wir unsere Freude teilen. Wir sind viel zu oft zu streng mit uns und leben wie in einem Korsett unserer Vorstellungen und Erwartungen. Lockern wir das Korsett, kann sich rascher Freude einstellen und der Stress wird verringert. Auch unserem Umfeld tut dies gut.

- *Frage:* Im Zuge einer Studie wurde mir eine neue Behandlungsmethode angeboten. Seitdem habe ich ständig eine Art Kloß im Hals. Was kann das bedeuten und wie soll ich mich entscheiden?
Antwort: Katze reckt und streckt sich, als sei sie gerade eben erwacht.
Dies kann im Sinne von Neuanfang, Erfrischung interpretiert werden. Dieses Verhalten unsere Mieze zeigt die Angst vor Neuem generell oder etwas spezifisch Neuem. Katzen sind als neugierige Gewohnheitstiere bekannt, die Veränderungen genauso wenig schätzen wie viele Menschen. Wir dürfen allerdings nicht vergessen, dass Neues durchaus viel Positives mit sich bringen kann. Worum es sich auch immer handeln mögen, sagen Sie Ja und nehmen Sie an. Oft liegt in diesem simplen Ja die ganze Antwort. Wir neigen zu Furcht und Angst vor allem Unbekannten. Überwinden wir diese können sich wunderbare neue Chancen ergeben. Wird etwa eine neue Behandlung angeboten, dann können Sie Ja sagen. Das Leben lehrte mich, dass auf das Unbekannte immer Verlass ist.

- *Frage:* Sind 110 Kilo für einen Mann von 183 cm zu viel? Könnte das Gewicht mit meinen Wirbelsäulenschmerzen in Zusammenhang stehen?
  Antwort: Die Katze schnuppert aufgeregt an dem Fragensteller.
  Dies kann als Dissonanz im Frager und/oder Ausweichen interpretiert werden. Infolgedessen muss sich der Frager unbedingt mehr mit seiner Gesundheit auseinandersetzen, auch wenn ihm dies nicht in den Kram passt. Wir sind für unsere Gesunderhaltung verantwortlich! Niemand sonst. Keinesfalls dürfen Warnsignale längere Zeit in den Wind geschlagen werden. Eine Gesundenuntersuchung kann Klarheit schaffen. Eine mögliche Angst vor dem Arztbesuch darf getrost überwunden werden, denn es sollte ein positives Ergebnis folgen.

- *Frage:* Ich fühle mich recht gesund. Was kann ich dennoch tun, um mein Wohlbefinden zu fördern und auch im Alter zu erhalten?
  Antwort: Die Katze macht einen Buckel. Das kann im Sinne von Intuition und Wohlbefinden interpretiert werden.
  Hier ist es wesentlich, seiner Intuition zu vertrauen, um sein Wohlbefinden zu steigern. Die Intuition lässt sich trainieren wie ein Muskel – und am besten beginnt man mit kleinen Schritten. Der Körper weiß im Grunde immer, was er benötigt. Die Frage ist eher, ob wir ihm immer genau zuhören. Intuitiv aufsteigenden Bedürfnissen und Wünschen dürfen wir vertrauensvoll Folge leisten. Selbst wenn wir auf den ersten Blick den Kopf darüber schütteln. Hier geht es um das Wohlgefühl, das stets sehr gesundheitsförderlich wirkt. Wohlgefühl schafft eine wunderbare Basis für Heilung und Gesundung. Eine Steigerung des allgemeinen Wohlbefindens wirkt nicht nur für unsere Miezen als Prophylaxe

möglicher Erkrankungen, sondern auch für uns. Es ist wie eine Eintrittskarte zu einer stabileren Gesundheit. Zudem ist es weniger wichtig, was wir tun, als *wie* wir es tun. Selbst wenn es der seltene Verzehr einer Schokotorte um Mitternacht ist, darf das jetzt sein. Oder wenn ich plötzlich tanzen gehen möchte, folge ich meiner inneren Eingebung.

Was Katzen uns lehren - vom Schatten befreien

Interessant empfinde ich das Katzenorakel insbesondere bezüglich unserer versteckten und verdrängten Anteile. Dies absolut wertfrei und mit viel Mitgefühl meinerseits. Denn, wir alle waren einmal Kinder und hatten als solche keine andere Wahl, als unverstandene Gefühle zu verbannen. Wir waren zu klein und daher fehlte uns die Sprache im Denken. Umgekehrt war der kindlichen Fantasie keine Grenze gesetzt. Wie oft wurde die Fantasiewelt sicherer Rückzugsort und Geheimnisträger. Seltsame Assoziationen wurden hergestellt, weil wir nicht verstanden, nicht verstehen konnten. Manche Fantasien wurden sogar zu unserer subjektiven Realität. Dies war eine frühe Methode für unseren Schutz und nur zu oft auch, um zu überleben.

Verbanntes Wissen, verdrängte Gefühle an ihren finsteren Orten zu belassen, kostet viel Kraft. Auch wenn es sich überwiegend um unbewusste Prozesse handelt. Ein Orakel kann Auskunft darüber geben. Wir können diesen verdrängten Anteile aber auch simpel über unsere Kreativität Ausdruck verleihen. Hierbei zählt nicht das Endergebnis unseres Werkes. Ob über Malen, Schnitzen, Schreiben, Hämmern, Stricken – wir drücken uns aus. Wir müssen keineswegs dem Schatten im Innersten einen Namen verleihen. Wir verleihen schlicht über unsere Kreativität dem Namenlosen, dem

Schatten in uns Ausdruck. Genau dieser Ausdruck zählt. Ich vermag über mein Licht und meine Liebe den Schatten in mir zu befreien und zu erheben.

Neben den unzähligen Glücksmomenten, die uns das Leben mit unserer Katze verschafft, lehren uns Katzen unter anderem das bloße Sein, gut auf uns zu schauen und uns ohne schlechtes Gewissen Stunden der Muße zu gönnen. Sie leben uns vor, wie töricht es ist, sich mit anderen zu vergleichen. Im ruhigen Zusammensein mit unseren Katzen erfahren wir, wie es ist, der Stille zu lauschen und die Kraft der inneren Ruhe zu spüren. Die Katze führt uns vor, wie anmutig Gelassenheit wirkt und wie das Leben erleichtert wird, wenn wir vollkommen gegenwärtig sind. Da Katzen bis in ihr hohes Alter spielen und jagen, verhelfen sie uns zu mehr Fröhlichkeit. Sie zeigen uns, wie wunderbar es ist, spontan zu sein und sich an den kleinen Dinge des Lebens zu erfreuen. Wie wohltuend, sich hier und jetzt die ersten wärmenden Sonnenstrahlen ins Gesicht scheinen zu lassen, den Duft des Frühlings wahrzunehmen oder dem Rauschen der Blätter im Wind zu lauschen.

Was auch immer wir tun, bleiben wir demütig, bescheiden und dankbar. Es ist sehr wichtig, unsere Grenzen zu erkennen. Die Gesetze der kosmischen Magie zu übertreten, könnte ungesund für uns werden. Daher ist Vorsicht geboten.

Bleiben wir achtsam, liebevoll und respektvoll allem und jedem gegenüber.

Die tiefe Verbundenheit zwischen Mensch und Tier berührt mich immer wieder aufs Neue. Wir haben kein Recht, Tieren Leid anzutun. Tiere dürfen für uns nicht leiden müssen.

Anhang

Über mich – Tierpsychologin Elke Söllner: Petcoach Elke

Geboren 1966 und aufgewachsen in einem Dorf im südlichen Niederösterreich, ist mein Leben seit meiner frühesten Kindheit von einem achtsamen Zusammenleben mit Tieren geprägt. Mit einer bunten Vielfalt an Tieren (vom Hamster, Meerschweinchen über unzählige Katzen, Hunde, Ziegen, Eseln, einem Pferd bis hin zu einer auf mich fehlgeprägten Dohle, Findlingen wie Reh, Eichkätzchen und Feldhasen) aufzuwachsen, gab mir die Möglichkeit, bereits in sehr jungen Jahren das Verhalten und Wesen der unterschiedlichsten Tiere zu beobachten und mich intensiv mit den tierischen Besonderheiten auseinanderzusetzen. Seit ich mich erinnern kann, hatten es mir die »Problemfälle« angetan. Insbesondere für verwaiste Katzen waren wir ein wahres Auffanglager. Zudem gesellten sich einige kätzische Vierbeiner ungefragt zu uns, kamen und blieben. Bereits als Kind fühlte ich mich verantwortlich für meine tierischen Freunde und kümmerte mich mit großer Hingabe um jeden einzelnen. Mein Leben verlief, liebevoll ausgedrückt, sehr bunt und mein tiefes Einfühlungsvermögen und Verstehen für die menschliche und tierische Psyche kommt nicht von ungefähr.

Das Studium der Biologie und Sonder- und Heilpädagogik schloss ich zwar nicht ab, es wies aber bereits den Weg für meine spätere Arbeit mit Mensch und Tier. Einst wollte ich in die Fußstapfen meines Vorbildes Jane Goodall treten. Während des Studiums erkannte ich jedoch, dass meine Liebe, meine Achtung und mein Respekt für das Seelenwesen Tier stärker waren als all mein wissenschaftliches Denken.

Zwar absolvierte ich erfolgreich die Ausbildung zur Zertifizierten Tierpsychologin, die wahrhaft größten Lehrmeister sind und bleiben allerdings die Tiere selbst. Auch die Jahre meiner Tätigkeit im bunten Ambulanzgetriebe der Veterinärmedizinischen Universität Wien, verhalfen mir zu weiteren wichtigen Erfahrungswerten.

Mein Dank gilt auch meinen Eltern, die mir einen verantwortungsvollen wie liebevollen Umgang mit Tieren vorlebten. Ohne ihren tierischen Einsatz hätte ich kein derart umfangreiches tierisches Beobachtungsfeld erfahren.

Meine Mobile Haustier- und Verhaltensberatung mit Schwerpunkt Katzen und Hunde in Wien und Umgebung, erspart Mensch und Tier viel Stress. Wesentlich ist mir, meine Klienten so lange wie erwünscht zu begleiten, zu unterstützen und möglichst einfache sowie leicht umsetzbare Lösungen anzubieten. Neben anderen Kleinigkeiten wie Erfahrung und Fachwissen, sind meine tiefe Liebe in meinem Tun sowie meine feine Wahrnehmung wesentliche Werkzeuge und mein Kapital.

Obgleich ich alle Tiere liebe und mich als Kind die Pferde, das Reiten und meine Schäferhündin besonders auf Trab hielten, so faszinieren mich Katzen seit jeher auf spezielle Art und Weise. Ihrem Wesen fühle ich mich besonders nahe und vertraut. Es ist mir eine Herzensangelegenheit, Frau und Herrn Katze wieder zu mehr Wohlgefühl, sowie Mensch und Tier zu einem harmonischen Miteinander zu verhelfen.

Quellen- und Literaturverzeichnis

(gereiht nach Kapiteln der Verwendung)

http://www.diss.fu-berlin.de/diss/servlets/MCRFileNode-Servlet/FUDISS_derivate_000000001518/08_nodhk.pdf;jsessionid=961C420A8CC6C048F4E2AA5FE-998D25E?hosts=; abgerufen September 2017

http://www.spektrum.de/lexikon/biologie/linne-carl-von/39482 (Carl von Linne) (Sep. 2017); abgerufen September 2017

https://de.wikipedia.org/wiki/Echte_Katzen

https://www.bund.net/tiere-pflanzen/wildkatze/europaeische-wildkatze/wild-oder-hauskatze/; abgerufen Jänner 2019

https://www.dasgehirn.info/aktuell/kurznachrichten/kurznachrichten-scanner-identifiziert-emotionen; abgerufen 26. 6. 2013

Studie:https://journals.plos.org/plosone/article?id=10.1371/journal.pone.0066032; abgerufen Jänner 2019

https://nlp-zentrum-berlin.de/infothek/nlp-psychologie-blog/item/dankbarkeit-macht-gluecklich-und-gesund; abgerufen Jänner 2019

http://www.huffingtonpost.de/2016/01/14/studie-wie-dankbarkeit-das-gehirn-veraendert_n_8960762.html; abgerufen Jänner 2019

»Fauna Communications Research Institute« in North Carolina: Artikel »The Felid Purr: A bio-mechanical healing mechanism«; http://www.animalvoice.com/catpur.htm; abgerufen Mai 2016

Stubbs, Tony: »Handbuch für den Aufstieg«, Edition Sternenprinz im Hans-Nietsch-Verlag, 2008, S. 93

http://www.spektrum.de/news/wann-darf-man-katzenbabys-von-ihrer-mutter-trennen/1501959 abgerufen Oktober 2017

http://www.europäischewildkatze.de/wildkatze-hauskatze.html; abgerufen September 2017

http://science.orf.at/stories/2849845/ abgerufen September 2017 https://www.nature.com/articles/s41559-017-0139 abgerufen September 2017

»The palaeogenetics of cat dispersal in the ancient world«, Nature Genetics, 19. 6. 2017; abgerufen September 2017

http://www.spektrum.de/news/der-haken-an-der-katzenzunge/1430437; abgerufen September 2017

http://www.spiegel.de/video/katzenzungen-schlabbern-fuer-die-forschung-video-1093890; html von 2010, abgerufen September 2017

https://www.welt-der-katzen.de/hausrasse/herkunft/entstehungderrassen/19jahrhundert.html; abgerufen; September 2017

http://www.spektrum.de/frage/wie-und-warum-schnurren-katzen/1350610; Schnurren 15. 6. 2015; abgerufen März 2018

Eklund, Dr. Robert: http://roberteklund.info/

Bluhm, Detlef: »Katzenspuren: Vom Weg der Katze durch die Welt«, Erstveröffentlichung 2004; Bastei Lübbe, 2006

Schötz, Susanne: »Die Geheime Sprache der Katzen«: S. 120–125, Ecowin Verlag

Fischer, Gottfried: »Neue Wege aus dem Trauma«: S. 27, 30, 31; Patmos Verlag GmbH & Co. KG; Walter Verlag, Düsseldorf und Zürich

Sheldrake, Rupert: »Der siebte Sinn der Tiere«, Ullstein Verlag, 3. Auflage 2003

Mohr, Bärbel: »Neue Dimensionen der Heilung«: S. 57, 61, 97, Allegria Verlag, 2. Auflage 2007

Langbein Kurt »Weißbuch Heilung – Wenn die moderne Medizin nichts mehr tun kann«, S.46–47, 2014 Ecowin, Salzburg

Lipton, Bruce: »Intelligente Zellen – Wie Erfahrungen unsere Gene steuern«; Erstveröffentlichung 2005, Titel der amerikanischen Originalausgabe »Biology of Beliefs«: Published by: Mountain of Love/Elite Books, Copyright © by Bruce Lipton; deutsche Ausgabe: © KOHA-Verlag GmbH Burgrain, 11. Auflage: 2012

Walch, Silvester: »Vom Ego zum Selbst«, O. W. Barth Verlag, Erstveröffentlichung März 2011

Tolle, Eckhart: »JETZT. Die Kraft der Gegenwart«, Erstveröffentlichung 1997, 30. Auflage 2017, Verlag Kamphausen

Tolle, Eckhart: »Tolle's Tierleben« mit Illustrationen von Patrick McDonnell, 5. Auflage 2015, J. Kamphausen Mediengruppe GmbH, Bielefeld 2009

Stubbs, Tony: »Handbuch für den Aufstieg«, Edition Sternenprinz im Hans-Nietsch-Verlag, 2008, S. 70, 93

Dispenza, Joe: »Werde übernatürlich«, KOHA Verlag 2017, S. 404–405, S. 221, S. 222 Herz, S. 223, 236, 238, 254

http://www.zeit.de/zeit-wissen/2014/03/tiere-bewusstsein-peinlichkeit; abgerufen September 2017

https://www.herzbewusst.de/angina-pectoris-herzinfarkt/so-funktioniert-unser-herz/das-herz-gehirn-neuronen-im-herz abgerufen September 2017

http://www.zeit.de/zeit-wissen/2012/02/Mensch-Individuum-Selbstbewusstsein; abgerufen September 2017

http://www.cam.ac.uk/research/news/pets-are-a-childs-best-friend-not-their-siblings; abgerufen Oktober 2017

https://www.sn.at/panorama/wissen/was-kinder-von-tieren-lernen-koennen-4057543; abgerufen Oktober 2017

https://www.dasgehirn.info/denken/motivation/sucht-motivation-zu-schlechten-zielen; abgerufen Mai 2018

https://www.spektrum.de/frage/wie-viele-zellen-hat-der-mensch/620672; abgerufen Mai 2018

Dahlke, Rüdiger, Baumgartner, Irmgard: »Das Tier als Spiegel der menschlichen Seele«, Goldmann Verlag, 1. Auflage 2016, S. 20–21, 23, 31, 77, 81, 97, 129, 131, 133, 134, 135; 107, 108

Hay, Lousie L.: »Gesundheit für Körper & Seele« S. 296, 274, 302, 278, 316, 227–321, 308; Ullstein Taschenbuch, Ullstein Buchverlage GmbH, Berlin, 4. Auflage 2014

Hasselmann, Varda, Schmolke, Frank: Welten der Seele. München, 1993. S. 31–45;

https://www.gordonpraxis.de/geistpsyche/

NATUR 10-17, »Die Wurzeln der Sucht« von Edith Luschmann Oktober 2017

ZEITMAGAZIN Nr 40 28. 09. 2017 »ALKOHOL« von Jörg Burger: Ein Interview von *Jörg Burger*. *ZEITmagazin Nr. 40/2017* 29; abgerufen 5. 10. 2017; http://www.zeit.de/zeit-magazin/2017/40/alkoholkonsum-gesundheit-rotwein

Bild der Wissenschaft, Februar 2019, S. 54–57

Meyer, Regula: »Tierisch gut – Tiere als Spiegel der Seele. Die Symbolsprache der Tiere«: S. 60–61, 2002 Arun Verlag, D Engerda

Bunari, Ariela: »Das Katzenorakel – Nutzen Sie die mystische Kraft Ihrer Katze«, Ullstein Verlag, 1. Auflage 2001, S. 23, 25, 27, 33, 138–143, 145, 164,165

https://www.gwup.org/infos/107-wurzel/themen/sonstige-themen/853-orakel-techniken; abgerufen Jänner 2019